高等学校"十三五"规划教材

HUAGONG JIENENG
YUANLI YU JISHU

化工节能原理与技术

（第二版）

雷志刚　代成娜　编著

U0387786

化学工业出版社
·北京·

《化工节能原理与技术》(第二版)重点介绍化工节能的热力学基本原理、新技术(包括夹点技术、热偶精馏、热泵精馏、共沸精馏、萃取精馏、反应精馏及离子液体分离过程强化技术等)、新设备(主要包括新型塔板、新型填料及整体式结构化催化剂技术等)和新理论(各种体系的预测型分子热力学理论)。

　　本书编写的原则是：从多角度解答例题，加深对基础知识的理解和应用，并以实例的形式介绍 Pro II、Aspen 和 CFD 等化工模拟软件在化工中的应用；对有些陈旧的节能技术尽量少介绍或不介绍；重视对基本概念的理解，避免冗长的数学计算和推导。本书在内容上注重引入化工节能技术方面最新的研究成果，尽量开拓读者视野，期望对读者的科学研究工作有所帮助。

　　《化工节能原理与技术》(第二版)可作为化工类、环境类专业本科生和研究生教材，也可供化工领域研究人员参考。

图书在版编目 (CIP) 数据

化工节能原理与技术/雷志刚，代成娜编著 . —2 版 . —北京：
化学工业出版社，2019.8 (2022.1 重印)
高等学校"十三五"规划教材
ISBN 978-7-122-34596-7

Ⅰ．①化…　Ⅱ．①雷…②代…　Ⅲ．①化学工业-节能-高等
学校-教材　Ⅳ．①TQ

中国版本图书馆 CIP 数据核字 (2019) 第 104603 号

责任编辑：唐旭华　王淑燕　　　　　装帧设计：张　辉
责任校对：边　涛

出版发行：化学工业出版社 (北京市东城区青年湖南街 13 号　邮政编码 100011)
印　　装：北京虎彩文化传播有限公司
787mm×1092mm　1/16　印张 11¾　字数 300 千字　　2022 年 1 月北京第 2 版第 2 次印刷

购书咨询：010-64518888　　　　　售后服务：010-64518899
网　　址：http://www.cip.com.cn
凡购买本书，如有缺损质量问题，本社销售中心负责调换。

定　　价：38.00 元　　　　　　　　　　　　　　　　版权所有　违者必究

前　言

化学工业一直是国民经济的用能大户，能耗大约占全国能源消耗总量的 10%。近年来国家各项战略发展规划积极倡导化学工业向能源资源节约型和环境友好型生产模式转变，以减少对化石资源的依存度和温室气体排放。与此相适应，涌现了一些新型的学科方向，如能源化工、化工过程强化等。因此，在这种背景，设置化工节能原理与技术课程显得更具有时代特色，从 2013 年起在北京化工大学化学工程与工艺和环境工程专业本科生中开设。

本书主要内容有化工节能的热力学原理和化工节能的新技术、新设备、新理论等，从多角度解答例题，加深对基础知识的理解和应用；第二版的特色是：在内容上注重引入化工节能技术和理论方面最新的研究成果，包括近几年快速发展的离子液体分离新技术和整体式结构化催化剂在化工过程强化过程中的应用实例等，并对预测分子热力学模型进行了前沿追踪，从而启发学生创新思维。同时增加了习题和思考题，便于学生学习。

第 1 章主要介绍了化工过程的特点、节能的意义及途径、分离过程和反应过程中的节能。

第 2 章主要介绍了化工节能的热力学基本原理。首先介绍了化工热力学的一些基本概念及热力学三大定律；引入理想功和热力学效率的概念，并详细介绍了分离过程和反应过程中理想功的计算；介绍了㶲的概念，并以具体实例说明了各种情况下㶲的计算方法；最后介绍了㶲损失和㶲衡算方程式。

第 3 章主要介绍了化工节能的新技术。首先介绍了夹点技术，针对化工换热过程中的夹点问题、阈值问题以及实际工程项目中的换热网络合成等进行了详细的说明；随后介绍了多效精馏及中间换热器、热偶精馏、热泵精馏、共沸精馏、萃取精馏、反应精馏和离子液体分离过程强化的原理，并结合具体实例来说明其在化工过程的节能；本章最后以离子液体气体干燥、离子液体捕集可凝性气体新技术以及工业异丙苯合成工艺为例，通过分离剂优化和分离/反应耦合来实现化工过程的节能减排。

第 4 章主要介绍了化工节能过程中的新设备，包括新型的塔板技术、填料技术，并详细介绍了整体式结构化催化剂在化工过程强化中的应用。

第 5 章主要介绍了化工节能的新理论，介绍了应用于小分子溶剂体系、含小分子无机盐体系、含聚合物体系和含离子液体体系的预测型分子热力学模型（包括中国本土学者提出的新理论模型），并结合具体应用实例加以详细说明。

本书由北京化工大学雷志刚和北京工业大学代成娜编著，是在编著者讲授化工节能原理与技术课程的基础上结合自己的科研编写，这次修订，虽然更正了原书第一版存在的一些错误并添加了化工节能最新技术与设备，但由于时间紧迫，书中难免仍有不妥之处，恳请读者批评指正，以利日后再版修改。

编著者
2019 年 5 月

目　　录

第1章　总　　论

1.1　化工过程的特点

化工过程是以天然物料为原料，经过一系列物理或化学加工制成产品的过程，通常包括三个部分：原料预处理、化学反应和产品的分离。石油与化学工业是我国重要支柱产业，其主要经济指标居全国工业各行业之首。2018年石化产业占工业经济总量的比例再次提升，主营收入由上年度的11.8%提升到12.1%，利润总额由上年度的11.3%提升到12.7%。

同时化学工业也是我国国民经济的用能大户，存在着高能耗、高物耗和高污染等严峻问题。化学工业每年消耗的能源量占全国总能源消耗量的10%，废水排放量居全国工业废水排放总量的首位，占16%，是当前国家"节能减排"的重点行业。在化工产品中，一般产品能源成本占总成本的20%～30%，高能耗产品的能源成本甚至达到产品成本的70%～80%，因此，节能降耗是化学工业提高经济效益、实现可持续发展的优先选择。

1.2　化学工业节能的意义与途径

1.2.1　节能的意义

能源（energy source）是指可以向自然界、向人类生产和生活提供能量的物质；能量（energy power）是一切生命活动的原动力和驱动力。只有当能源被人类开发并合理利用，才能提供给我们能量，因此所谓的节能是指降低生产过程中的能量消耗，从而减少对能源的开发和消耗。

基于我国化学工业目前存在的高能耗、高物耗和高污染等严峻问题，《国家中长期科学和技术发展规划纲要（2006—2020年）》和"十一五"规划对化学工业提出了"节能和绿色流程、高效清洁生产"和"调整化学工业布局，优先发展基础化工原料，积极发展精细化工"等相关要求，促进我国化学工业向能源资源节约型和环境友好型生产模式转变。

（1）节能是化工企业可持续发展的需要　随着国民经济和人民生产水平的不断提高，对能源的需求越来越大，而总的能源资源有限，国内能源的供应面临潜在的总量短缺，尤其是石油、天然气供应将面临结构性短缺，我国长期能源供应面临严峻的挑战。石油供应的紧张，对化学工业的危害程度远远高出其他工业部门。因此，做好节能工作，对化学工业来说具有特别重要的意义，是化学工业实现可持续发展的必要前提。

（2）节能符合化工企业提高经济效益的需要　化工产品，尤其是高能耗产品的能源消耗在产品成本中占据很大比例，最高可达80%左右。降低能量消耗，就是降低产品成本，从而可以提高产品的市场竞争力，为企业创造更多的经济效益。

（3）节能有利于保护环境　节能就意味着减少了能源的开采与消耗，从而减少了烟、尘、硫氧化物等污染物的排放。据报道，直接燃烧1t煤炭，可向大气排放的污染物有粉尘9～11kg、硫氧化物约16kg、氮氧化物约3～9kg，还有大量碳氧化物。这些污染物是酸雨、温室效应、光化学烟雾、大气粉尘增加的主要原因。因此，节能降耗有利于环境保护。

1.2.2 节能的途径

近年来出现的与化工节能减排相关的术语有化工过程强化、清洁工艺、绿色化学与化工，以及低碳经济，它们的定义如下。

① 化工过程强化是指在实现既定生产目标前提下，大幅度减小生产设备尺寸、简化工艺流程、减少装置数目，使工厂布局更加紧凑合理，单位能耗、废料、副产品显著减少的技术。

② 清洁工艺也称少废无废技术，即生产工艺和防治污染有机地结合起来，将污染物减少或消灭在工艺过程中，从根本上解决工业污染问题。其本质是合理利用资源，降低能耗，减少甚至消除废料的产生。

③ 绿色化学与化工是指为实现资源高效率的利用、减少与消除有害物质对人类健康与环境的威胁所作出的化学过程与产品的设计、开发和生产。

④ 低碳经济是指在可持续发展理念指导下，通过技术创新、制度创新、产业转型、新能源开发等多种手段，尽可能地减少煤炭石油等高碳能源消耗，减少温室气体排放，达到经济社会发展与生态环境保护双赢的一种经济发展形态。

对于化学工业过程而言，可采用不同手段和技术对分离过程或化学反应进行强化，从而实现过程的节能降耗。化学工艺过程中改变分离方法是一个很重要的方向性的问题，这是因为化学工业过程中能耗的大部分是用于分离过程的。

1.3 分离过程

1.3.1 分离过程的特点

分离工程是一门研究分离过程与设备的技术科学。分离过程是化工生产过程的重要组成部分，包括各种混合物的分离，原料的净化，产品的精制、提纯，物料的浓缩等。化学工程中精馏、吸收、萃取、吸附、结晶等单元操作都属于分离过程。

图 1-1　广义的分离过程

广义的分离过程是指将一个混合物分离成两个以上组成彼此不同产品的生产过程，见图 1-1。

自然界物质的混合是一个自发过程。因此，为了把混合物分离成单独的产品，就不可能自发地进行，而必须具备一定的条件，如下所述。

（1）分离的基础　被分离组分具有某种物理或化学性质的差别——分离过程的推动力。

（2）加入能量　必须向分离过程中加入分离剂，它可以是能量或质量分离剂。

（3）分离的实施　分离过程必须在分离设备中进行，达到传质、传热、反应条件，分离过程才能实现。

除了以上三要素以外，有时为了使分离过程容易进行，还要添加质量或能量分离剂，以增大其推动力，但添加组分必须能回收循环使用。分离过程的构成如图 1-2 所示。

1.3.2 分离过程的发展历史

分离过程具有悠久的历史，早在几百年前就有文献记载了我国古代在酿酒、制糖等生产中已采用了蒸馏、结晶等最原始的分离手段。

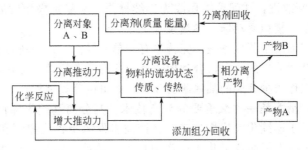

图 1-2 分离过程的构成

分离过程的发展大致经历了以下三个阶段。

（1）手工作坊阶段 18 世纪之前，分离过程只是一些批量小、间歇操作的生产过程，如简单蒸馏、过滤等类似于化学实验室的操作过程。这些基本上处于经验的、手工工艺的阶段。

（2）单元操作阶段 19 世纪中叶，由于炼油和化工生产的迅速发展，生产规模日益扩大，蒸馏、吸收等分离技术逐步成为化工生产中重要的单元操作，并已实现了连续化生产，在理论上有了传质过程的概念，以及采用相似论、准数方程等半理论半经验的方法。但是，仍停留在孤立地进行单个单元操作的研究阶段。

（3）分离科学阶段 20 世纪 70 年代以来，由于材料科学、精细化工、生物技术等新型学科的发展，对分离过程提出了新的和更高的要求，从而促使新的分离技术迅速发展。同时，原有的单元操作的应用面越来越广，它已不仅限于石油化工等少数几个部门，还逐步渗透到轻工、冶金等各个领域，这就需要系统地研究各种分离技术的共同规律、特点，进行评价、比较和选择。电子计算机和分析技术的发展，为分离过程在理论上逐步完善，建立数学模型和提供先进的实验技术创造了条件，因而促使分离过程逐渐发展成一门独立的学科——分离科学。目前已有大量关于分离过程的专门著作、期刊和手册面世。

1.3.3 分离过程的发展趋势

近年来，国外在分离过程的研究方面发展很快。原有的单元操作如精馏、吸收、萃取等日趋成熟，已有一整套的数学模型和设计方法，可供计算机进行过程合成与设计。各种新的分离技术的研究十分活跃，正逐步由实验室研究转向工业应用。总结分离过程的发展，具有以下几个特点。

① 分离的要求愈来愈高，分离技术正朝着高效、节能的方向发展，以满足当前许多难分离物料的分离和降低能耗的要求。例如，在废水、废气的减排过程中，对产品的分离要求非常苛刻，通常达到 10^{-6} 级。

② 分离技术的种类越来越多，所依据的原理和基础越来越广。例如，作为分离技术的基础性质，除了原有的挥发度、溶解度等物理性质之外，还包括外力场（电、磁、激光）和可逆化学反应等物理和化学作用，以及它们之间的相互结合。

③ 从单一过程向组合过程发展。由于单个的分离操作已不能完全满足要求，因而需要采用某些单元操作的相互组合、集成以达到分离要求，如反应蒸馏、萃取—共沸精馏联合流程等。

④ 在操作条件上由常温常压逐步向低温高压发展。由于生物技术和精细化工中高沸点、热敏物质的分离越来越多，在低温高压等特殊条件下进行分离的重要性越来越突出。如低温甲醇、离子液体吸收二氧化碳（CO_2）等。

⑤ 操作方式不断改进，从间歇操作改为连续操作，从稳定操作发展到不稳定的周期循环操作，如变压吸附、模拟移动床、参量泵等。

分离过程学科当前的主要任务是：完善原有的单元操作；开拓新的分离技术；总结分离过程的基本原理，针对分离的对象，合理地选择合适的分离技术；尤其要加强目前生产中十分落后而国内研究工作很少开展的某些薄弱环节，如机械分离过程。

在分离过程中，精馏是一种最重要的分离技术。其分离基础为沸点差（挥发度不同），操作简单、方便，适于连续化大规模生产。精馏技术发源于古代酿酒和随后的炼油，19 世纪中叶由于石油化工的发展而成为化工生产中最重要的单元操作。20 世纪以来国内外精馏技术发展有三个阶段：①50 年代：由于生产规模扩大，以浮阀塔板为代表，展开精馏设备的研究；②60 年代：由于计算机的出现，提出了汽液平衡严格计算，促进了精馏过程的模型化；③70 年代：适应精细化工与材料分离与纯化的要求，出现了许多新型特殊的精馏方法，如精密精馏、热泵精馏、多效精馏等。近年来，精馏过程的研究重点是特殊精馏分离剂筛选、塔内设备的计算流体力学优化以及与其他反应和分离过程的耦合强化等。我国对精馏技术的研发一直很重视，每年都召开全国精馏技术与塔件设备优化新技术、新工艺研讨会，基础研究和产业化成果在许多方面已接近国际先进水平。精馏技术虽然在工业上应用十分广泛，但对其研究从未停止。围绕着"低碳经济"和"节能减排"的要求，还应加大对精馏技术的基础研究投入力度。

1.4 反应过程

化学反应是化学工程的核心，大约 90% 的化工生产过程与反应有关。现代化学反应工程的发展主要是围绕开发新材料、新技术和新设备展开，以实现节能减排的目的。

在新材料方面，主要是研发新型的高效催化剂，因为催化剂是化学反应的关键物质。现有的化学工艺中约有 80% 采用催化剂。特别地，近年来具有低压降、高传递性能的整体式结构化催化剂发展迅速，并在 2001 年、2005 年、2009 年、2013 年及 2016 年召开了五届"结构化催化剂与反应器国际会议"。另外，在化学反应的介质方面，优先选择绿色溶剂。常见的绿色溶剂有高压（超临界）二氧化碳、水、离子液体等。这些绿色溶剂在化学反应过程中既可充当分离剂，又可充当催化剂，且易于循环利用。当作为分离剂时（如温室气体二氧化碳络合反应吸收、合成 γ-丁内酯等），利用反应分离耦合作用，提高目的产物的转化率和选择性，打破化学平衡限制，降低单位产品的能耗。当作为催化剂时（如 Friedel-Crafts 烷基化、酰基化、催化加氢、酯化或酯交换反应等），通过调整活性中心的酸性和结构，降低活化能，节省能耗，提高目的产物的转化率和选择性。

在新技术方面，主要体现在过程集成，例如反应/分离（包括精馏、萃取和闪蒸）、反应/结晶、反应（强吸热）/反应（强放热）、变压吸附反应、流向变换非定常态反应和膜反应器等过程的耦合，以及外场强化（如光场、电场、磁场、超声波场等作用）。

在新设备方面，优化反应器结构，强化流体流动。例如，长期以来合成氨反应器一直采用传统的轴向塔，流动阻力很大，现提出具有低压降的径向塔，使塔压降大大降低，从而减少了流体输送机械的轴功率。另外，对于常规高黏度物系的缩聚反应，长期以来采用传统的径向塔。虽然降低了流动压降，但反应性能差。现提出具有高效降膜结构的轴向塔，大大提高了产品转化率和选择性，从而也达到了降低单位产品总能耗的目的。近年来开发的新型反应设备有：超重力反应器、微通道反应器和膜反应器等。对传统的搅拌釜式反应器，针对不同黏度的物系，提出了各种各样的浆型，以促进混合，实现传递与反应的有效匹配，提高总反应速率。

　　本书重点介绍化工节能的热力学原理（第 2 章），化工节能的新技术（第 3 章）、新设备（第 4 章）和新理论（第 5 章），在内容上注重引入化工节能技术方面最新的研究成果，尽量开拓读者视野，期望对读者的科学研究工作有所帮助。

思　考　题

　　1. 我国化学工业具有哪些特点？

　　2. 化工企业为什么要节能？

　　3. 化工节能有哪些途径？试举出几个具体的例子。

　　4. 除了课本所提及的清洁工艺、化工过程强化等与节能减排有关的术语外，相关的术语你还能举出哪些？

　　5. 什么是化工分离过程？

　　6. 你能举出哪些与化工分离有关的单元操作？

　　7. 化工分离过程所需的推动力是指什么？

　　8. 化工分离常用的能量分离剂和质量分离剂有哪些？

　　9. 进行化工分离需要具备哪些条件？

　　10. 化工分离过程经过了哪几个阶段？

　　11. 分离作用是由什么引起的？分离过程是什么过程的逆过程？

　　12. 试说明分离过程的主要任务。

　　13. 谈谈你对精馏技术中研究重点的看法。

　　14. 现代化学反应工程怎么实现绿色生产的需要？谈谈你的见解。

　　15. 有哪些现代化学反应工程的新技术？试举例说明。

第2章 节能的热力学基本原理

石油化工中分离过程的能耗约占全厂总能耗的 $20\%\sim50\%$。能耗常常是评价分离过程的主要指标，它决定了分离过程的成本。热力学第一定律阐明了能量"量"的属性，即在转换过程中能量在数量上是守恒的；热力学第二定律指出了能量"质"的属性，即在能量转换过程中，热和功等能量形式的转化是有方向性的。各种不同的分离过程所需要的能量也不同。因此，如何来计算分离过程所需能量和热力学效率显得很重要。

本章首先推导对给定的分离过程所需的最小功，然后引出有效能（即㶲）的概念，计算分离过程的净功消耗，得到热力学效率；对各种情况下㶲值的计算进行了说明，并得到㶲损失和㶲平衡方程。

2.1 热力学基本概念

2.1.1 系统（热力系统）

热力学把相互联系的物质区分为系统与环境两部分。我们所要研究的对象（物质或空间）称为系统（热力系统）。在多数情况下，系统与"物系""体系"等具有相同的意义。环境即系统的环境，是系统以外与之相联系的那部分物质。环境又称为外界。系统与环境之间的联系包括两者之间的物质交换和能量交换（热或功）。根据系统与外界相互作用的情况，可把系统分成以下四种。

（1）封闭系统（closed system） 与外界之间只有能量交换而无物质交换的系统。

（2）孤立系统（isolated system） 与外界之间既无物质交换也无能量交换的系统。

（3）敞开系统（open system） 与外界之间既有物质交换又有能量交换的系统，敞开系统也称为开放系统。

（4）绝热系统（adiabatic system） 与外界之间无能量交换的系统。

2.1.2 状态和状态参数

状态指的是静止的系统内部的状态，即其热力学状态。描述系统宏观状态的物理量称为状态参数。系统的状态是它所有性质的总体表现。状态确定后，系统的所有性质均有各自的确定值，换言之，系统的状态参数是状态的单值函数，具有点函数的性质，即其变化只取决于初态、终态，而与其间的路径无关。系统的基本状态函数为温度、压力和比容，其他的还有内能、焓和熵等。

2.1.2.1 温度

温度（temperature）是表示物体冷热程度的物理量。衡量温度的标尺称为温标。常用的温标有热力学温度 T、摄氏温度 t 和华氏温度 T_F，其换算关系为：

$$t = T - 273.15 \tag{2-1}$$

$$T_F = 1.8t + 32 \tag{2-2}$$

式中，热力学温度 T 的单位为 K，摄氏温度 t 的单位为℃，华氏温度 T_F 的单位为℉，热力学温度和摄氏温度两者每度间隔相同。

2.1.2.2　比容和密度

比容（specific volume）是单位质量物质所占有的容积。若以 m 表示质量，V 表示所占容积，则比容为：

$$v = \frac{V}{m} \qquad (2-3)$$

比容的倒数称为密度（density），即单位容积所含物质的质量，定义为：

$$\rho = \frac{m}{V} = \frac{1}{v} \qquad (2-4)$$

比容的单位是 $m^3 \cdot kg^{-1}$，密度的单位是 $kg \cdot m^{-3}$。

2.1.2.3　压力（压强）

单位面积上所受的垂直作用力称为压力（压强）（pressure），用 p 表示。在化学工程中压力与压强的概念不分。在国际单位制（SI）中，压力的单位是帕斯卡（简称帕，Pa）。$1Pa = 1N \cdot m^{-2}$。

其他的压力单位也很多，如物理大气压（atm）、工程大气压（$kgf \cdot cm^{-2}$）、毫米汞柱（mmHg）、米水柱（mH_2O）、巴（bar）等。它们之间的换算关系为：

$$1atm = 1.033 kgf \cdot cm^{-2} = 760 mmHg = 10.33 mH_2O = 1.0133 Bar = 1.0133 \times 10^5 Pa$$

$$1\ \text{工程大气压} = 1 kgf \cdot cm^{-2} = 735.6 mmHg = 10 mH_2O = 0.9807 bar = 9.807 \times 10^4 Pa$$

测量压力的仪器是压力表或真空表，如图 2-1 所示。测量压力通常是被测流体的绝对压力与当地大气压之间的差值，称为表压力，即

$$\text{表压力}(p_g) = \text{绝对压力}(p) - \text{大气压力}(p_0) \qquad (2-5)$$

当被测流体的压力小于外界大气压时，使用真空表进行测量，低出大气压的部分称为真空度，即

$$\text{真空度}(p_v) = \text{大气压}(p_0) - \text{绝对压力}(p) = -\text{表压力}(p_g) \qquad (2-6)$$

(a) 压力表

(b) 真空表

图 2-1　压力表和真空表

真空度是表压力的相反数。在真空表的表盘中［如图 2-1（b）所示］，表压力为负值。真空度越高，表盘指针越向左靠近 $-0.1MPa$，此时表示绝对压力越低。在化工计算中，一般应采用绝对压力。绝对压力、大气压力和表压（或真空度）之间的关系如图 2-2 所示。

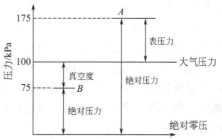

图 2-2　绝对压力、大气压力和表压（或真空度）之间的关系

【例 2-1】　一台操作中的离心泵，进口真空表及出口压力表的读数分别为 $-0.075MPa$ 和 $0.175MPa$。试求：

（1）泵进口与出口的绝对压力（kPa）；

（2）二者之间的压力差。设当地的大气压

为 100kPa。

解 （1）真空度是表压力的相反数，则泵进口的真空度为 0.075MPa，相应的绝对压力为：

$$p_1 = 100 - 75 = 25\text{kPa}$$

出口绝对压力为：

$$p_2 = 100 + 175 = 275\text{kPa}$$

（2）泵出口与进口的压力差为：

$$p_2 - p_1 = 275 - 25 = 250\text{kPa}$$

或直接用表压计算：

$$p_2 - p_1 = 175 - (-75) = 250\text{kPa}$$

2.1.3　强度性质和广度性质

按性质的量值是否与物质的数量有关，描述系统的物理量可区分为强度性质（强度量）和广度性质（或广延性质，广延量，容量性质）两类。系统分割成若干部分时，凡具有加和关系的性质称为广度性质，如容积 V、内能 U、焓 H、熵 S 等；不具有加和关系的性质称为强度性质，如密度 ρ、压力 p、温度 T 等。但是，广度性质除以质量（或摩尔数）就转变为强度性质，如摩尔体积 V_m、比容 v、比内能 u、比焓 h、比熵 s 等，因为其已与系统实际存在的物质的量无关。

2.1.4　平衡态

平衡态是指在一定条件下，系统中各个相的宏观性质不随时间变化，且将系统与环境隔离，系统的性质仍不改变的状态。仅当系统处于平衡态时，每个相的各种性质才有确定不变的值。系统若处于平衡态，一般应满足如下的条件。

① 系统内部处于热平衡，即系统有均一的温度；
② 系统内部处于力平衡，即系统有均一的压力；
③ 系统内部处于相平衡，即系统内宏观上没有任何一种物质从一个相转移到另一相；
④ 系统内部处于化学平衡，即化学势为零。

满足热平衡、力平衡、相平衡和化学平衡的系统即处于热力学平衡状态。将驱使系统发生状态变化的驱动力（如力、温度、化学势等）统称为"势"，系统处于热力学平衡的充分必要条件即系统内部以及系统与外界之间不存在任何"势"差。

2.1.5　功和热

系统与环境之间交换的能量有两种形式，即功和热。

2.1.5.1　功

功的符号为 W，单位为 J。规定 $W > 0$ 时，系统得到环境所做的功；$W < 0$ 时，环境得到系统所做的功，即系统对环境做功。

功是通过系统边界在传递过程中的一种能量形式，不是状态参数，而是过程量，因此，不能说系统的某一状态有多少功，只有当系统进行一过程时才能说过程的功等于多少。对于系统同一始末态，若途径不同，则过程的功值不同。

2.1.5.2　热

由于系统与环境之间温度的不同，导致两者之间交换的能量称为热，热的符号为 Q，单位为 J。当系统吸热时，$Q > 0$；系统放热时，$Q < 0$。

热是过程中系统与环境交换的热量，和功一样，热也不是状态参数，不能说系统含有多少热。因此，只知系统始末态，而不知过程的具体途径，无法计算过程的热，也不能任意假设途径求算过程的实际热。

2.2 热力学定律

2.2.1 热力学第一定律和能量平衡方程

热力学第一定律是能量转换与守恒定律，即孤立系统无论经历何种变化，其能量守恒，既不能被创造，也不能被消灭。对于任何能量转换系统，可建立能量衡算式：

$$输入系统的能量－输出系统的能量＝系统能量的变化 \tag{2-7}$$

式中，系统的能量包括内能 mu、动能 $mc^2/2$ 及位能 mgz，u 表示单位质量的物流所具有的内能，即比内能；c 表示物流的平均速度，z 表示距离参考平面的高度，g 表示重力加速度。系统的内能是热力状态参数，而动能和位能则取决于系统的状态。

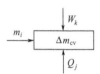

图 2-3 流动系统
控制体积

2.2.1.1 能量平衡方程一般式

如图 2-3 所示的流动系统，每一股物流 i 所传输的能量除 $m_i(u+c^2/2+gz)$ 外，还要得到将物流推入系统时的推动功 $m_i pV$，根据热力学第一定律可得系统控制体积中的能量累积项为：

$$\Delta(mu)_{cv} = \sum_i \left[m_i \left(u + pV + \frac{1}{2}c^2 + zg \right) \right]_{fs} + \sum_j Q_j + \sum_k W_k \tag{2-8}$$

式中，下标 fs 代表物流，凡进入控制体积的物流 m_i 取正，凡流出控制体积的物流 m_i 取负；系统吸热时，$Q_j > 0$，系统放热时，$Q_j < 0$；环境对系统做功时，$W_k > 0$，系统对环境做功时，$W_k < 0$。

规定比焓 $h = u + pV$，比焓是状态参数，具有能量的单位。因此，可得能量平衡方程一般式为：

$$\Delta(mu)_{cv} = \sum_i \left[m_i \left(h + \frac{1}{2}c^2 + zg \right) \right]_{fs} + \sum_j Q_j + \sum_k W_k \tag{2-9}$$

2.2.1.2 封闭系统的能量平衡方程

对于封闭体系，环境和系统之间没有物质交换，则式(2-9) 中 $m_i = 0$，则封闭系统的能量平衡方程为：

$$\Delta u = \sum_j Q_j + \sum_k W_k \tag{2-10}$$

2.2.1.3 稳定流动体系的能量平衡方程

稳定流动体系系统的累积项为零，且控制体积中的物性不随时间改变，入口及出口处的物性也保持不变，则式(2-9) 变为：

$$\sum_i \left[m_i \left(h + \frac{1}{2}c^2 + zg \right) \right]_{fs} + \sum_j Q_j + \sum_k W_k = 0 \tag{2-11}$$

一个特例是控制体积只有一个入口及一个出口的情形，对于稳定流动体系则入口和出口物流流量相同，都为 m，则能量平衡方程可写为：

$$\sum_j Q_j + \sum_k W_k = m \left(\Delta h + \frac{1}{2}\Delta c^2 + g \Delta z \right) \tag{2-12}$$

式中，△符号表示由入口至出口的变化量，即出口值减去入口值。

【例2-2】 图2-4中所示的各设备除了反应器以外，均保温良好。假设物流的动能与位能可忽略，试做出整个系统的能量平衡方程（标注各个符号所代表物理量的意义），并分析能量损失原因。

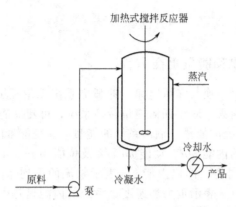

图2-4　加热式搅拌反应器

解 此系统除反应器外无其他热损失，且忽略各物流的动能和位能，则根据稳定流的热力学第一定律得能量平衡方程为：

$$H_F + W_p + Q_1 = H_P + Q_2 + Q_f$$

式中，H_F 和 H_P 分别为原料和产品的焓值；W_p 为泵所提供的功；Q_1 为夹套中蒸汽向反应器所提供的热量；Q_2 为物流经冷却器被冷却水带走的热量；Q_f 为反应器的热损失。

该过程的能量损失主要是由于反应器的保温效果不好而造成的。

需要说明的是对于反应过程，反应热不再单独考虑，其作用已在进出口物流的焓值中有所体现。

2.2.2 热力学第二定律和熵平衡方程

既然能量总量不会发生变化，那么在化工中如何节省能耗呢？此时，热力学第二定律指出了能量"质"的属性，即在能量转换过程中，热和功等能量形式的转化是有方向性的。热力学第二定律有多种说法，例如，"热不能自动从低温流向高温"（R. Clausius 说法），以及"不可能从单一热源吸热作功而无其他变化"（L. Kelvin 说法）。热力学第一定律和第二定律是人类长期生产和科学实践的总结，其正确性虽不能用数学方法来证明，但其可靠性毋庸置疑。

2.2.2.1 卡诺循环

热机效率 η 是指热机从高温热源（温度为 T_1）吸热（Q_1）转化为功（$-W$）的分数。所谓热机，就是通过工质（如汽缸中的气体）从高温热源吸热作功，然后向低温热源放热复原，如此循环操作，不断将热转化为功的装置。

$$\eta = -\frac{W}{Q_1} \tag{2-13}$$

其量纲为1。工作于同一高温热源和同一低温热源之间的不同热机，其热机效率不同，但应以可逆热机的热机效率为最大。

工作于高温和低温两个热源之间的 Carnot 热机，又称卡诺循环（Carnot cycle），是由可逆过程构成的、效率最高的热力学循环。卡诺循环以理想气体为工质，如图2-5所示，包括以下四个可逆步骤。

（1）恒温可逆膨胀　物质的量为 n 的理想气体在高温热源 T_1 下吸收热量从状态 $1(T_1, p_1, V_1)$ 恒温可逆膨胀到状态 $2(T_1, p_2, V_2)$，系统吸收热量 Q_1 并对外做功 W_1。

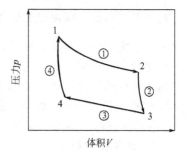

图 2-5　卡诺循环过程

$$Q_1 = -W_1 = \int_{V_1}^{V_2} p\,dV = nRT_1\ln(V_2/V_1) \quad (2\text{-}14)$$

（2）绝热可逆膨胀　系统从状态 $2(T_1, p_2, V_2)$ 绝热可逆膨胀降温到低温热源 T_2 的状态 $3(T_2, p_3, V_3)$，系统靠降低内能对外做功。

$$Q' = 0, W' = \Delta U' = nC_{V,m}(T_2 - T_1) \quad (2\text{-}15)$$

（3）恒温可逆压缩　系统在低温热源 T_2 下从状态 $3(T_2, p_3, V_3)$ 恒温可逆压缩到状态 $4(T_2, p_4, V_4)$，系统得到功并向低温热源放热。

$$Q_2 = -W_2 = \int_{V_3}^{V_4} p\,dV = nRT_2\ln(V_4/V_3) \quad (2\text{-}16)$$

（4）绝热可逆压缩　系统从状态 $4(T_2, p_4, V_4)$ 绝热可逆压缩升温回到状态 $1(T_1, p_1, V_1)$，系统得到功使其内能增加。

$$Q'' = 0, W'' = \Delta U'' = nC_{V,m}(T_1 - T_2) \quad (2\text{-}17)$$

因为状态 1 和 4 在同一绝热线上，状态 2 和 3 在同一绝热线上，根据理想气体绝热可逆过程方程有 $(T_2/T_1)^{C_{V,m}}(V_4/V_1)^R = 1$ 和 $(T_2/T_1)^{C_{V,m}}(V_3/V_2)^R = 1$，得 $V_3/V_2 = V_4/V_1$，即 $V_3/V_4 = V_2/V_1$，所以可得：

$$Q_2 = -W_2 = nRT_2\ln(V_4/V_3) = nRT_2\ln(V_2/V_1) \quad (2\text{-}18)$$

对于循环过程 $\Delta U = 0$，则卡诺循环过程系统对环境所做的功为：

$$-W = Q = Q_1 + Q_2$$

卡诺循环的热机效率为：

$$\eta = -\frac{W}{Q_1} = -\frac{Q_1 + Q_2}{Q_1} = 1 - \frac{T_2}{T_1} \quad (2\text{-}19)$$

可见卡诺循环的热机效率只取决于高温和低温热源的温度。高温和低温热源的温度之比越大，热机效率越高。若低温热源温度相同，高温热源的温度越高，从高温热源传出同样热量对环境所做的功越多，这说明温度越高，热的品质越高。

热力学第一定律是能量转换与守恒定律，指出了能量"量"的属性；热力学第二定律说明功和热等能量形式的转化是有一定方向的，指出了能量"质"的属性。也就是说，功可以全部转化为热能，而热不能全部转化为功，有一部分仍以热能的形式排给了冷源。热转化为功的极限是以卡诺热机执行卡诺循环的热效率为限，即 $\eta = -\dfrac{W}{Q_1} = 1 - \dfrac{T_2}{T_1}$，其中，$T_1$ 是高温热源温度；T_2 是低温热源温度。

2.2.2.2　熵和熵增原理

熵的定义式为：

$$dS = \frac{\delta Q_r}{T} \quad (2\text{-}20)$$

式中，δQ_r 为系统微元与环境交换的可逆热；T 为系统的温度。

熵是状态参数，只取决于初态、末态，与过程无关。从状态 1 到状态 2 之间的熵变为：

$$\Delta S = S_2 - S_1 = \int_1^2 \frac{\delta Q_r}{T} \quad (2\text{-}21)$$

对于孤立系统，根据克劳修斯不等式 $dS \geqslant \dfrac{\delta Q}{T}$（只有可逆过程等号成立）可知：在绝热情况下，系统发生不可逆过程时，其熵值增大；系统发生可逆过程时，其熵值不变；不可能发生熵值减小的过程。此即熵增原理。

由于过程的不可逆性会引起系统熵的增大，这部分熵的增量称为熵产（entropy generation），熵产值恒大于零。熵产（S_{gen}）的大小表征着自发过程不可逆性的程度。自发过程中 S_{gen} 是普遍存在的，不限于孤立系统。对任何体系的自发过程总有 $S_{gen} > 0$。

2.2.2.3 熵平衡方程

由于熵不具有守恒性，过程的不可逆性会引起熵产，因此我们在熵平衡方程式中引入熵产量：

系统熵的变化量＝进入系统的熵＋不可逆性引起的熵产量－离开系统的熵　　(2-22)

对于图 2-3 控制体系可得熵平衡方程式的一般表达式：

$$\Delta(ms)_{cv} = \sum_i (m_i s_i)_{fs} + \sum_j \left(\int \frac{\delta Q_j}{T} \right) + S_{gen} \tag{2-23}$$

式中，下标 fs 代表物流，凡进入控制体积的物流 m_i 取正，凡流出控制体积的物流 m_i 取负；系统吸热时，$Q_j > 0$，系统放热时，$Q_j < 0$；S_{gen} 恒为正。

若体系为稳定流动，则 $\Delta(ms)_{cv}$ 为零，控制体积的熵平衡方程为：

$$\sum_i (m_i s_i)_{fs} + \sum_j \left(\int \frac{\delta Q_j}{T} \right) + S_{gen} = 0 \tag{2-24}$$

对于一些特殊稳流体系，熵平衡方程应用如下：

① 绝热体系，$\int \dfrac{\delta Q_j}{T} = 0$，则

$$\sum_i (m_i s_i)_{fs} + S_{gen} = 0 \tag{2-25}$$

② 可逆过程，$S_{gen} = 0$，则

$$\sum_i (m_i s_i)_{fs} + \sum_j \left(\int \frac{\delta Q_j}{T} \right) = 0 \tag{2-26}$$

③ 封闭系统，$m_i = 0$，则

$$\sum_j \left(\int \frac{\delta Q_j}{T} \right) + S_{gen} = 0 \tag{2-27}$$

④ 控制体积只有一个入口及一个出口，物流流率皆为 m，且仅有一股热流 Q，则

$$m(s_1 - s_2) + \int \frac{\delta Q}{T} + S_{gen} = 0 \tag{2-28}$$

式中，s_1、s_2 分别表示入口、出口物流的比熵。

2.2.3 热力学第三定律

热力学第三定律也有多种说法，例如，"凝聚系统在恒温过程中的熵变，随温度趋于 0K 而趋于零"（W. H. Nernst 热定理），"纯物质完美晶体的熵，0K 时为零"（修正的 Planck 说法）。热力学第三定律规定了熵值的零点，与熵的物理意义是一致的。

2.3 理想功

任何产功过程，对于确定的状态变化都存在一个最大功；任何耗功过程，对于确定的状

态变化都存在一个最小消耗功。把系统在做功过程中，在给定变化条件下所能够产生的最大功量，或在消耗功的过程中所需的最小功，称为理想功。要获得理想功，系统的变化必须要在完全可逆的条件下进行。这里所指的完全可逆应包括如下两点：

① 系统内所有变化都是可逆的；

② 系统与环境之间的换热也必须是可逆的。

理想功代表一个生产过程可能提供的最大有用功或消耗的最小功，是一切实际过程功耗大小的比较标准。通过理想功和实际功的比较可为生产改革、过程优化提供依据。

2.3.1 分离过程的理想功（最小功）

2.3.1.1 最小功的推导

考虑一个连续稳定的分离流动，如图 2-6 所示。

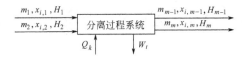

图 2-6 稳定流动系统分离过程

进入系统的有 a 个流体，流出有 b 个流体，共 m 个流体，组成彼此不同：$x_{i,1} \neq x_{i,2} \neq \cdots \neq x_{i,(m-1)} \neq x_{i,m}$，假设没有化学反应发生，当系统处于稳定状态时，所具有的总能量包括系统的宏观动能 $mc^2/2$、宏观位能 mgz 和系统内部的微观能量即内能 mu。但是当流体流入系统时，除得到能量 $\sum\limits_{in} m_j(u_j + c_j^2/2 + gz_j)$ 外，还要得到将流体推入到系统时的推动功 pV（p 为压力，V 为体积流量）。因此流体转移到系统的总能量为 $\sum\limits_{in} m_j(u_j + p_j V_j + c_j^2/2 + gz_j)$。由物理化学知识，比焓 $h = u + pV$，是一个状态参数，具有能量单位。根据热力学第一定律可以得到能量平衡方程：

$$\sum_{j=1}^{m} [m_j(h_j + c_j^2/2 + gz_j)]_{fs} + \sum_k Q_k + \sum_t W_t = 0 \tag{2-29}$$

对理想过程，即等温、等压和可逆过程，由热力学第二定律有：

$$T\sum_j (m_j s_j)_{fs} + \sum_k Q_k = 0 \tag{2-30}$$

式中，下标 fs 代表物流，凡进入控制体积的物流 m_j 取正，凡流出控制体积的物流 m_j 取负；系统吸热时，$Q_k > 0$，系统放热时，$Q_k < 0$；环境对系统做功时，$W_t > 0$，系统对环境做功时，$W_t < 0$。s 为流入或流出系统的物流的比熵。

因此环境（外界）对系统所做的最小功为：

$$W_{min,T} = \sum_t W_t = -\sum_{j=1}^{m} [m_j(h_j + c_j^2/2 + gz_j)]_{fs} + T\sum_{j=1}^{m} (m_j s_j)_{fs}$$

$$= -\sum_{j=1}^{m} m_j(h_j - Ts_j) \tag{2-31}$$

由物理化学知识关于 Gibbs 自由能的定义：$G = H - TS$，$g = G/m$ 为比 Gibbs 自由能（kJ·kg^{-1}），则式(2-31)可以变为：

$$W_{min,T} = -\sum_{j=1}^{m} m_j g_j = \sum m_{j,out} g_{j,out} - \sum m_{j,in} g_{j,in} = \Delta G \tag{2-32}$$

分离最小功等于进料和产品之间 Gibbs 自由能的变化，而一个混合物的 Gibbs 自由能是各组分摩尔自由能乘以它的分子分数的总和，$G=\sum_i z_i \overline{G}_i$，而偏摩尔分子自由能与标准态和逸度有关：

$$\overline{G}_{i,m}=\overline{G}_{i,m}^0+RT\left(\ln f_i-\ln f_i^0\right)$$

假若出、入的各流体都在相同的压力、温度下，则分离最小功为：

$$W_{min,T}=RT\left[\sum_{out}n_k\left(\sum_i z_{ik}\ln\frac{f_{ik}}{f_i^0}\right)-\sum_{in}n_j\left(\sum_i z_{ij}\ln\frac{f_{ij}}{f_i^0}\right)\right] \tag{2-33}$$

式中，n_k 为物流 k 的摩尔流量，z_{ij} 为物流 j 中组分 i 的摩尔分数。

2.3.1.2 各种情况下分离的最小功

（1）理想气体混合物

$$z_{ij}=y_{ij}，f_i=y_i p，f_i^0=p_i^0$$

$$W_{min,T}=RT\left[\sum_{out}n_k\left(\sum_i y_{ik}\ln y_{ik}\right)-\sum_{in}n_j\left(\sum_i y_{ij}\ln y_{ij}\right)\right] \tag{2-34}$$

（2）液体混合物

$$z_i=x_{ij}，f_i=y_i p，f_i^0=p_i^0$$

$$W_{min,T}=RT\left[\sum_{out}n_k\left(\sum_i x_{ik}\ln\gamma_{ik}x_{ik}\right)-\sum_{in}n_j\left(\sum_i x_{ij}\ln\gamma_{ij}x_{ij}\right)\right] \tag{2-35}$$

（3）分离成纯产品

$$W_{min,T}=-RTn_F\sum_j x_{ij}\ln(\gamma_{ij}x_{ij}) \tag{2-36}$$

（4）分离二组分理想混合物

$$W_{min,T}=-RTn_F[x_A\ln x_{AF}+(1-x_{AF})\ln(1-x_{AF})] \tag{2-37}$$

2.3.1.3 分离最小功的意义

分离最小功与分离过程的方式无关，不受组分的相对挥发度、蒸气压等因素的影响，只与分离过程的进料和产品组成有关，是一种理想的可逆过程时分离所需的能量。实际的分离过程所需能量往往比分离的最小功要大若干倍。

2.3.2 反应过程的理想功（最大功）

同样地，考虑一个连续稳定的开口流动系统（反应过程）如图 2-7 所示。

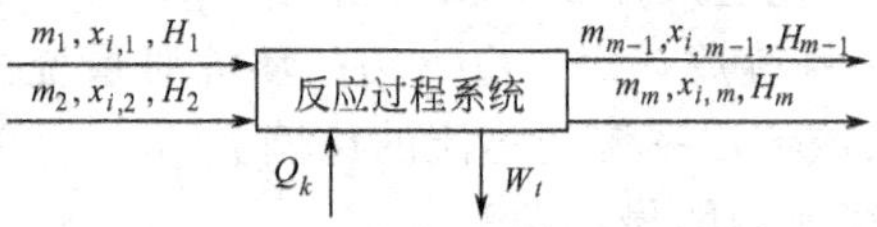

图 2-7 反应过程稳定流动开口系统

环境（外界）对系统所做的最小功也就是系统对环境（外界）所做的最大有用功。类似分离过程，在理想过程，即等温、等压和可逆条件下，可得：

$$T\sum_j(m_j s_j)_{fs}+\sum_k Q_k=0 \tag{2-38}$$

在不可逆条件下，应加入不可逆熵产项 S_{gen}：

$$T\sum_j(m_j s_j)_{fs}+\sum_k Q_k=S_{gen} \tag{2-39}$$

环境（外界）对系统所做的功为：

$$W_{\min,T} = \sum_t W_t = -\sum_{j=1}^m m_j (h_j - Ts_j) - TS_{\text{gen}} \tag{2-40}$$

因此，在可逆条件下反应过程的理想功为：

$$W_{\min,T} = -\sum_{j=1}^m m_j (h_j - Ts_j) = -\sum_{j=1}^m m_j g_j$$
$$= \sum m_{j,\text{out}} g_{j,\text{out}} - \sum m_{j,\text{in}} g_{j,\text{in}} = \Delta G \tag{2-41}$$

也就是说，反应过程系统对环境（外界）做功，其最大有用功为：

$$W_{\max,T} = -\Delta G \tag{2-42}$$

在恒温可逆条件下，化学反应所做出的最大反应有用功对应于系统 Gibbs 自由能的减少。最大反应有用功具有状态参数的特性，可以从标准态下的最大反应有用功（反应物和产物均处于 298.15K 和 1atm）推算到其他反应温度 T 和压力 p 下的最大反应有用功。

实际的化学反应过程往往是变温变压的，即反应物的温度和压力与生成物不同。因为化学反应最大有用功是状态参数，我们可以把变温变压反应假想成三个过程从而计算反应最大有用功。第一个过程是把反应物从其温度、压力变到标准 298.15K 和 1atm；第二个过程是在标准态下进行恒温恒压的化学反应；第三个过程是把生成物从标准态变到反应终态时的温度和压力。其中第一和第三个过程无化学变化，只是温度和压力的改变。

【例 2-3】 在 350K 和 1atm 下，CO 和 O_2 进行燃烧反应生成 CO_2，试求在如下条件下此化学反应的最大反应有用功：

（1）反应前反应物 CO 和 O_2 不进行混合；

（2）反应前反应物 CO 和 O_2 进行充分混合，反应前后物系总压仍为 1atm，温度仍为 350K。

解 CO 和 O_2 燃烧生成 CO_2 的反应方程式为

$$CO + \frac{1}{2}O_2 =\!=\!= CO_2$$

首先查得有关物质标准摩尔生成焓、标准摩尔熵如下：

组分	$\Delta H_{f,m}^0/(\text{kJ} \cdot \text{mol}^{-1})$	$S_m^0/(\text{kJ} \cdot \text{kmol}^{-1} \cdot \text{K}^{-1})$
CO（气）	−110.525	197.674
O_2（气）	0	205.138
CO_2（气）	−393.509	213.740

利用最大反应有用功是状态参数的特性，采用如下三个假想过程来计算上述反应过程的最大有用功。

（1）反应前反应物不进行混合：

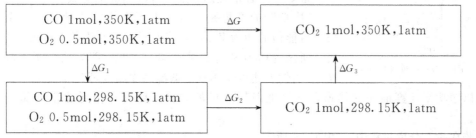

第一个过程： $\Delta G_1 = \Delta G_{1,CO} + \Delta G_{1,O_2} = -n_{CO} S_{m,CO}^0 \Delta T - n_{O_2} S_{m,O_2}^0 \Delta T = 15.5676 \text{kJ}$

第二个过程： $\Delta G_2 = n\Delta_r G_m^0 = n(\Delta_r H_m^0 - T\Delta_r S_m^0) = -257.1931 \text{kJ}$

第三个过程： $\Delta G_1 = -n_{CO_2} S^0_{m,CO_2} \Delta T = -11.0824 kJ$

可得整个过程的吉布斯自由能变化为： $\Delta G = \Delta G_1 + \Delta G_2 + \Delta G_3 = -252.7079 kJ$

反应过程的最大有用功： $W_{max} = -\Delta G = 252.7079 kJ$

（2）反应前反应物进行混合，即 CO 和 O_2 总压为 1atm，所有气体均看成理想气体，此反应过程可分解为以下三个假想过程：

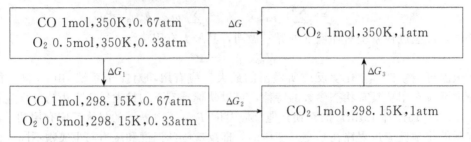

第一个过程：等压变温过程

此时 CO 和 O_2 总压为 1atm，分压都小于 1atm，则其摩尔熵值分别为：

$$S_{m,CO} = S^0_{m,CO} - R\ln(p_{CO}/p^0) = 197.674 - 8.314 \times \ln 0.67$$
$$= 201.045 kJ \cdot kmol^{-1} \cdot K^{-1}$$
$$S_{m,O_2} = S^0_{m,O_2} - R\ln(p_{O_2}/p^0) = 205.138 - 8.314 \times \ln 0.33$$
$$= 214.272 kJ \cdot kmol^{-1} \cdot K^{-1}$$
$$\Delta G_1 = \Delta G_{1,CO} + \Delta G_{1,O_2} = -n_{CO} S_{CO} \Delta T - n_{O_2} S_{O_2} \Delta T = 21.5342 kJ$$

第二个过程：等温等压反应

$$\Delta_r H_m = \Delta_r H^0_m = -282.984 kJ \cdot mol^{-1}$$
$$\Delta_r S_m = S^0_{m,CO_2} - S_{m,CO} - 0.5 S_{m,O_2} = -94.4410 kJ \cdot kmol^{-1} \cdot K^{-1}$$
$$\Delta G_2 = n\Delta_r G_m = n(\Delta_r H_m - T\Delta_r S_m) = -254.8264 kJ$$

第三个过程： $\Delta G_1 = -n_{CO_2} S^0_{m,CO_2} \Delta T = -11.0824 kJ$

可得整个过程的吉布斯自由能变化为： $\Delta G = \Delta G_1 + \Delta G_2 + \Delta G_3 = -244.3747 kJ$

反应过程的最大有用功： $W_{max} = -\Delta G = 244.3747 kJ$

可见与（1）相比有用功减少，这是由于反应前将反应物进行充分混合而产生了不可逆损耗造成的。

2.3.3 净功消耗

通常分离过程所需的能量多半是以势能的形式，而不是以功的形式提供的。在这种情况下，最好以过程消耗的净功来计算消耗的能量。

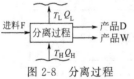

图 2-8 分离过程

"净功"的意思是：若将进入系统的热量送入一个可逆热机，可能做的功为 W_{in}，若将离开系统的热量也送入一个可逆热机，所做的功为 W_{out}，那么 $W_{in} - W_{out}$ 即为系统所消耗的"净功"。当然上述可逆热机的低温热库温度都为 T_0。

以净功来计算消耗的热量，不仅把消耗能量的多少，而且把消耗能量的品位也考虑在内。

若在一个分离过程中，如图 2-8 所示。

只有热量 $Q_H(T_H)$ 进入系统和热量 $Q_L(T_L)$ 离开系统，如精馏塔。

按热力学第二定律，再沸器的热量 $Q_H(T_H)$ 送入低温热库 T_0 的可逆热机，应该做的

功为 $Q_H\left(\dfrac{T_H-T_0}{T_H}\right)$。同样，冷凝器的热量 $Q_L(T_L)$，应该做的功为 $Q_L\left(\dfrac{T_L-T_0}{T_L}\right)$

净功为：

$$W_n=Q_H\left(\frac{T_H-T_0}{T_H}\right)-Q_L\left(\frac{T_L-T_0}{T_L}\right) \tag{2-43}$$

任何实际分离过程的净功消耗 W_n 都必然大于分离过程最小功 W_{min}，只有在可逆分离过程的极限情况下才等于它。如果过程消耗有机械功，则必须直接加到净功消耗项中。

如果在分离过程中没有用到机械功，同时产物和进料之间的热焓差与输入的热量相比可以忽略，则 $Q_H=Q_L=Q$，并且 $W_n=QT_0\left(\dfrac{1}{T_L}-\dfrac{1}{T_H}\right)$，$W_n$ 必为正值，因为 T_H 总是大于 T_L。

普通的精馏塔是以输入热量来驱动分离过程的事例。由温度为 T_R 的再沸器加入热量 Q_R，由温度为 T_C 的冷凝器取出热量 Q_C。如果产物的热焓和进料相比基本上没有差别，则可按 $T_H=T_R$，$T_L=T_C$，由上式求得 W_n。如用冷却水从冷凝器中取出热量，则 $T_L=T_0$，上式成为：

$$W_n=Q\left(1-\frac{T_0}{T_R}\right)$$

在这种情况下，T_R 必将比环境温度高，因而 W_n 为正；即使是低温致冷的精馏塔，由于 T_H 仍大于 T_L，所以 W_n 仍然为正。一般情况下，$T_H \geqslant T_L$，只有完全可逆时才相等。

2.3.4 热力学效率

把分离过程的最小功与过程所消耗的净功之比，定义为分离过程的热力学效率：

$$\eta=\frac{W_{min}}{W_n} \tag{2-44}$$

若分离过程是完全可逆的，$\eta=1.00$。一般热力学效率 $\eta<1.00$。根据分离媒介的不同分离过程可分为能量分离剂过程和质量分离剂过程，能量分离剂过程属可逆过程，故 η 较高。质量分离剂过程，属于部分可逆过程，η 稍低。而速度分离过程为不可逆过程，η 更低。当然，这是指理论上的热力学效率，而实际上情况更复杂。例如精馏过程，理论上的热力学效率应该是高的，因为它是一种接近可逆的过程。但在实际生产中，由于种种原因，其效率 η 只有 5% 左右，反而成为能耗最大的过程。因而，目前对分离过程节能的研究是十分重要的。

对于反应过程，热力学效率定义为反应过程实际的产功量 W_{actual} 与反应最大有用功之比，即

$$\eta=\frac{W_{actual}}{W_{max}} \tag{2-45}$$

【例 2-4】 甲醇-水的精馏分离 $x_F=50\%$，$x_D>99\%$，$x_W<1\%$，$R=3$，物料在室温 20℃进料，求精馏塔理论上的热力学效率。

解 （1）计算分离所需的最小功 $W_{min,T}$

方法一：对单位进料摩尔流量 $n_F=1\ mol \cdot s^{-1}$。

由混合物分离的最小功：

$$W_{min,T}=RT\left[\sum_{out}n_k\left(\sum_i z_{ik}\ln\frac{f_{ik}}{f_{ik}^0}\right)-\sum_{in}n_j\left(\sum_i z_{ij}\ln\frac{f_{ij}}{f_{ij}^0}\right)\right]$$

式中，i 为组分数；k，j 分别为出料和进料的物料流数目。

对二元液体混合物，$z_i = x_i$，$f_i = \gamma_i x_i p_i^0$，$f_i^0 = p_i^0$

$$W_{\min,T} = RT[n_D(x_{1D}\ln x_{1D}\gamma_{1D} + x_{2D}\ln x_{2D}\gamma_{2D}) + n_W(x_{1W}\ln x_{1W}\gamma_{1W} + x_{2W}\ln x_{2W}\gamma_{2W}) - n_F(x_{1F}\ln x_{1F}\gamma_{1F} + x_{2F}\ln x_{2F}\gamma_{2F})]$$

其中：
$$n_D = \frac{x_{1F} - x_{1W}}{x_{1D} - x_{1W}}n_F, \quad n_W = \frac{x_{1D} - x_{1F}}{x_{1D} - x_{1W}}n_F$$

求在各物料流的浓度下，各组分的活度系数，采用 Wilson 方程来求 γ_{1D}，γ_{2D}，γ_{1W}，γ_{2W}，γ_{1F}，γ_{2F}。

$$\ln\gamma_1 = -\ln(x_1 + \Lambda_{12}x_2) + x_2\left(\frac{\Lambda_{12}}{x_1 + \Lambda_{12}x_2} - \frac{\Lambda_{21}}{\Lambda_{21}x_1 + x_2}\right)$$

$$\ln\gamma_2 = -\ln(x_2 + \Lambda_{21}x_1) + x_1\left(\frac{\Lambda_{21}}{x_2 + \Lambda_{21}x_1} - \frac{\Lambda_{12}}{\Lambda_{12}x_2 + x_1}\right)$$

式中，Λ 为 Wilson 模型参数。

先由 γ_1^∞、γ_2^∞ 求 Wilson 参数：

$$\ln\gamma_1^\infty = 1 - \Lambda_{21} - \ln\Lambda_{12}, \quad \gamma_1^\infty = 2.30$$

$$\ln\gamma_2^\infty = 1 - \Lambda_{12} - \ln\Lambda_{21}, \quad \gamma_2^\infty = 1.60$$

解以上联立方程，求得 $\Lambda_{12} = 0.355$，$\Lambda_{12} = 1.200$。

代入 Wilson 方程求 γ_{1F}，γ_{2F}。当 $x_{1F} = x_{2F} = 0.5$ 时，$\ln\gamma_{1F} = 0.1059$，$\gamma_{1F} = 1.110$；$\ln\gamma_{2F} = 0.1880$，$\gamma_{2F} = 1.207$。

对塔顶产品 D 和塔釜液 W 可近似为纯组分：

$$x_{1D} = 1, \ \gamma_{1D} = 1.00, \ \gamma_{2D} = 1.60, \ n_D = 0.5;$$

$$x_{2W} = 1, \ \gamma_{1W} = 2.30, \ \gamma_{1W} = 1.00, \ n_W = 0.5;$$

$$T = 293.2K, \ R = 8.314$$

$$\frac{W_{\min,T}}{n_F} = -8.314 \times 293.2 \times [0.5\ln(0.5 \times 1.110) + 0.5 \times \ln(0.5 \times 1.207)]$$

$$= 1333.2J \cdot s^{-1}$$

亦可直接采用分离成纯产品的公式。

方法二：采用 Aspen plus 计算，计算简图如图 2-9 所示。

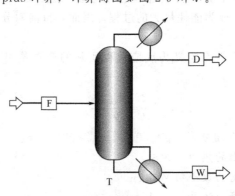

图 2-9　计算简图

为简便计算，Aspen Plus 中精馏模型采用简捷算法 DST WU 模型，热力学模型选 Wilson 模型，精馏回流比为 3，塔顶甲醇回收率为 0.99，重组分水的回收率为 0.01，常压精馏，计算结果列于下表。

物流	x_1	γ_1	x_2	γ_2	T/K
F	0.500	1.109	0.500	1.137	293.1
D	0.990	1.000	0.010	1.670	337.8
W	0.010	2.240	0.990	1.000	371.3

$$W_{\min,T} = \sum_{out} RTn_k \left(\sum_i z_{ik} \ln \frac{f_{ik}}{f_i^0} \right) - \sum_{in} RTn_j \left(\sum_i z_{ij} \ln \frac{f_{ij}}{f_i^0} \right)$$

$$
\begin{aligned}
W_{\min,T} = &\, 8.314 \times 337.8 \times [0.990\ln(0.990 \times 1.000) + 0.010\ln(0.010 \times 1.670)] + \\
&\, 8.314 \times 371.3 \times [0.010\ln(0.010 \times 2.240) + 0.990\ln(0.990 \times 1.000)] - \\
&\, 8.314 \times 293.1 \times [0.5 \times \ln(0.5 \times 1.109) + 0.5\ln(1.137 \times 0.5)] \\
= &\, 1041.8 \, \text{J} \cdot \text{s}^{-1}
\end{aligned}
$$

(2) 该过程所做的净功

方法一：甲醇的沸点 64.5℃，蒸发潜热 35.271kJ·mol^{-1}；水的沸点 100.0℃，蒸发潜热 40.617kJ·mol^{-1}。

该过程所做净功：

$$W_{net} = Q_H \left(\frac{T_H - T_0}{T_H} \right) - Q_L \left(\frac{T_L - T_0}{T_L} \right)$$

$$T_H = 100℃, \quad T_L = 64.5℃。$$

不考虑精馏过程中的热损失，忽略进料和采出物流间的热焓差，则有 $Q_H = Q_L = Q$。

塔顶冷凝器的冷量消耗：塔顶采出量为 $D = 0.5$mol·s^{-1}，精馏段蒸汽量 $V = (R+1)D = 2$mol，计算得：

$$Q_L = 2 \times 35.271 = 70.542 \, \text{kJ} \cdot \text{s}^{-1}$$

所以：

$$W_{net} = Q_H \left(\frac{T_H - T_0}{T_H} \right) - Q_L \left(\frac{T_L - T_0}{T_L} \right) = 5927 \, \text{J} \cdot \text{s}^{-1}$$

方法二：采用 Aspen Plus 程序计算，考虑进料和产品物流间的热焓差，得到塔釜再沸器加热量 Q_H 为 76808J·s^{-1} 和塔顶冷凝器冷量 Q_L 为 70859J·s^{-1}。

$$W_{net} = Q_H \left(\frac{T_H - T_0}{T_H} \right) - Q_L \left(\frac{T_L - T_0}{T_L} \right) = 7149 \, \text{J} \cdot \text{s}^{-1}$$

(3) 精馏塔理论的热力学效率

$$\eta = \frac{W_{\min,T_0}}{W_n} = \frac{1344.2}{5927} = 22.68\%$$

采用 Aspen Plus 程序模拟计算得到的热力学效率为：

$$\eta = \frac{W_{\min,T_0}}{W_n} = \frac{1041.8}{7149} = 14.57\%$$

实际上，加热和冷却温度不可能是 100℃ 和 64.5℃。由于传热和塔的阻力 $T_H > 373$K。由于过程散热的热损失 $Q'_H > Q_H$；实际的热力学效率 $\eta' \ll \eta$，甚至达 5% 以下。

2.4 㶲及其计算

2.4.1 㶲的概念

当系统由一任意状态可逆变化到与给定环境相平衡状态时，理论上可以无限转换为任何其他能量形式的那部分能量，称为㶲（exergy）或有效能，用 E 表示，单位为 J。㶲定义为热力学系统中工质的可用性。主要用来确定某指定状态下所给定的能量中有可能做出的有用功部分。能量中不能够转换为有用功的那部分称为该能量的㶨（anergy）或无效能，用 A 表示，单位为 J。任何一种形式的能量都可以看成是由㶲和㶨所组成，即能量＝㶲＋㶨。

从㶲的角度出发，可以把各种形式的能量分为三类：

第一类，可以完全转化为有用功的能量，即能量全部为㶲，其㶨为零，如机械能、电能等；

第二类，可以部分转化为有用功的能量，即能量的㶲和㶨都不为零，如热能和物质的内能或焓等；

第三类，完全不能转化为有用功的能量，即能量全部为㶨，其㶲为零，如处于环境状态下的热能等。

显然，能量中含有的㶲值越多，其转换为有用功的能力越大，也就是说其"质"越高，动力利用的价值越大。根据热力学第二定律，高品位能总是能自发地转变为低品位能，而低品位能不能自发地转变为高品位能，能质的降低意味着㶲的减少，而节能的实质是防止和尽量减少㶲的损失。

2.4.2　环境参考态

能量转换过程总是在一定的自然环境条件下进行的。当物系处于自然环境状态时，其㶲值为零，它是任意状态㶲值计算的基准点。为了计算㶲值，首先应对自然环境加以定量的描述。通常的环境模型属于定环境模型，认为环境是确定不变的。环境参考态是一个特定的、理想的外界环境，是一个理论上的概念模型，目前具有一定理论应用广泛的环境参考态模型主要有波兰学者斯蔡古特（J. Szargut）提出的环境模型和日本学者龟山秀雄和吉田邦夫提出的龟山-吉田模型。

需要说明的是环境参考态并非环境标准态，不仅要限定压力还需要限定环境的温度。通常规定环境参考态的温度为 298.15K，环境压力为 1atm。根据元素种类所选定的物质为环境基准物，环境参考态下基准物与环境处于平衡状态，其㶲值规定为零。

龟山-吉田模型已被列为日本计算物质化学㶲的国家标准。该模型的环境温度和压力分别为 298.15K 和 1atm。龟山-吉田模型提出大气物质所含元素的基准物取此温度和压力下的饱和湿空气（相对湿度等于 100%）的对应成分，基准物的组成如表 2-1 所示，此外的其他元素均以在 T_0、p_0 下纯态最稳定的物质作为基准物。各种情况下㶲值的计算都要涉及环境参考态。

表 2-1　龟山-吉田模型大气物质所含元素的基准物及其组成

元素	N	O	H	C	Ar	Ne	He
组分	N_2	O_2	H_2O	CO_2	Ar	Ne	He
摩尔分数	0.7557	0.2034	0.0316	0.0003	0.0091	1.8×10^{-5}	5.24×10^{-6}

2.4.3　功的㶲

电功、机械能包括系统所具有的宏观动能和位能，理论上能够全部转变为有用功，即全部为㶲，即 $E_W=W_s$。

但当系统在环境中做功的同时发生容积变化时，系统要反抗环境压力做环境功，则此时系统所做功并非全部为㶲。例如，封闭系统从状态 1 变化到状态 2 的过程中所做的功为

W_{12}，则其中㶲为：

$$E_W = W_{12} - p_0(V_2 - V_1) \tag{2-46}$$

㶀为：

$$A_W = p_0(V_2 - V_1) \tag{2-47}$$

由式(2-46) 和式(2-47) 可知，当系统做功时容积不发生变化，则过程所做的功全部为㶲，㶀为零。

2.4.4 热量㶲

热是能量的另一种传递方式。在给定温度和压力条件下，在可逆过程中系统吸收热量 Q 时所能做出的最大有用功称为热量㶲。

环境参考态温度 T_0，温度为 T 的热量㶲 E_Q 和㶀 A_Q 分别为：

$$E_Q = \int \left(1 - \frac{T_0}{T}\right) \delta Q = Q - T_0 \Delta S \tag{2-48}$$

$$A_Q = Q - E_Q = \int \left(\frac{T_0}{T}\right) \delta Q = T_0 \Delta S \tag{2-49}$$

式中，ΔS 指从温度 T_0 到 T 的过程熵变。

当传热过程中热源温度 (T) 恒定时，热量 Q 的㶲 E_Q 和㶀 A_Q 分别为：

$$E_Q = \left(1 - \frac{T_0}{T}\right) Q \tag{2-50}$$

$$A_Q = \frac{T_0}{T} Q \tag{2-51}$$

【例 2-5】 把 100℃、100kPa 的 1kg 空气可逆定压加热到 200℃，试求加热过程中的熵变，以及所加热量中的㶲和㶀。空气的平均定压比热容 $c_p = 1.0 \text{kJ} \cdot \text{kg}^{-1} \cdot \text{K}^{-1}$，设环境大气温度为 25℃。

解 空气吸收的热量为：

$$Q = mc_p(T_2 - T_1) = 1 \times 1.0 \times (200 - 100) = 100 \text{kJ}$$

空气在定压吸热过程中熵变为：

$$\Delta S = mc_p \ln(T_2/T_1) = 1 \times 1.0 \times \ln[(200+273)/(100+273)] = 0.2375 \text{kJ} \cdot \text{K}^{-1}$$

所加热量中的㶀为：

$$A_Q = T_0 \Delta S = (273 + 25) \times 0.2375 = 70.775 \text{kJ}$$

所加热量中的㶲为：

$$E_Q = Q - T_0 \Delta S = 100 - 70.775 = 29.225 \text{kJ}$$

(1) 把 150℃、100kPa 的 1kg 空气可逆定压加热到 250℃，则加热过程中：吸收的热量 $Q = 100 \text{kJ}$，熵变 $\Delta S = 0.2122 \text{kJ} \cdot \text{K}^{-1}$，热量中的㶀 $A_Q = 63.2356 \text{kJ}$，热量中的㶲 $E_Q = 36.7644 \text{kJ}$；

(2) 把 100℃、100kPa 的 1kg 空气加热加压到 200℃、200kPa，则加热过程中：吸收的热量 $Q = 100 \text{kJ}$，熵变 $\Delta S = mc_p \ln(T_2/T_1) - nR\ln(p_2/p_1) = 0.0388 \text{kJ} \cdot \text{K}^{-1}$，热量中的㶀 $A_Q = 11.5624 \text{kJ}$，热量中的㶲 $E_Q = 88.4376 \text{kJ}$。

【例 2-6】 把 50℃、100kPa 的 1kg 空气可逆定压冷却到 -50℃，试求冷却过程中的熵变，以及所获冷量中的㶲和㶀。空气的平均定压比热容 $c_p = 1.0 \text{kJ} \cdot \text{kg}^{-1} \cdot \text{K}^{-1}$，设环境大气温度为 25℃。

解 空气获得的冷量为：

$$Q = mc_p(T_2 - T_1) = 1 \times 1.0 \times (-50 - 50) = 100\text{kJ}$$

空气在冷却过程中的熵变为：

$$\Delta S = mc_p \ln(T_2/T_1) = 1 \times 1.0 \times \ln[(-15+273)/(50+273)] = -0.37048\text{kJ} \cdot \text{K}^{-1}$$

空气所获冷量中的炕为：

$$A_Q = T_0 \Delta S = (273+25) \times (-0.37048) = -110.403\text{kJ}$$

空气所获冷量中的㶲为：

$$E_Q = Q - T_0 \Delta S = -100 - (-110.403) = 10.403\text{kJ}$$

（1）把 $-80℃$、100kPa 的 1kg 空气可逆定压冷却到 $-180℃$，则冷却过程中：空气获得的冷量 $Q = -100\text{kJ}$，熵变 $\Delta S = -0.7301\text{kJ} \cdot \text{K}^{-1}$，冷量炕 $A_Q = -217.5698\text{kJ}$，冷量㶲 $E_Q = 117.5698\text{kJ}$；

（2）把 $50℃$、100kPa 的 1kg 空气可逆定压冷却到 $-50℃$、200kPa，则冷却过程中：空气获得的冷量 $Q = -100\text{kJ}$，熵变 $\Delta S = mc_p \ln(T_2/T_1) - nR\ln(p_2/p_1) = -0.5692\text{kJ} \cdot \text{K}^{-1}$，热量中的炕 $A_Q = -169.621\text{kJ}$，热量中的㶲 $E_Q = 69.621\text{kJ}$。

从【例 2-5】和【例 2-6】可见相同数量的能量，其质量不同，即㶲值不同，可总结如下规律：

（1）当温度高于环境温度时，$Q > 0$，$\Delta S > 0$，热量㶲随着温度升高而增加，即高温时的㶲要大于低温时的㶲；

（2）当温度低于环境温度时，$Q < 0$，$\Delta S < 0$，热量㶲（亦称冷量㶲）随着温度下降而增加，即低温时的㶲要大于较高温度时的㶲；

（3）随着压力的升高，㶲值增加。

总之，与环境状态偏离得越大，相同数量的能量其㶲值也越大。在进行深冷分离工艺分析时，㶲分析就显得特别重要。

2.4.5 气体的扩散㶲

气体的扩散㶲 E_D 指气体在温度为 T_0、压力为 p_0 时，恒温可逆转变为其在大气环境中该组分的分压力为 p_i^0 时所能作出的最大有用功，即该过程中吉布斯自由能的减少值。该等温变压过程可描述为：

$$\boxed{T_0 p_0} \xrightarrow{\Delta G} \boxed{T_0 p_i^0}$$

把气体看作理想气体，则

$$E_D = W_{\max} = -\Delta G = -(\Delta H - T_0 \Delta S) = T_0 \Delta S$$
$$= -nRT_0 \ln(p_i^0/p_0) = -nRT_0 \ln y_i \tag{2-52}$$

式中，y_i 为大气环境中组分 i 的摩尔分数（见表 2-1）。

2.4.6 物质的化学㶲

用环境模型计算的物质化学㶲称为物质的标准化学㶲，记作 E^0。

2.4.6.1 元素的化学㶲

环境参考态条件下基准物的化学㶲规定为零，因此元素与环境物质进行化学反应变成基准物所提供的理想功（最大化学反应有用功）即为元素的化学㶲。若化学反应在规定的环境模型中进行，则提供的理想功即为元素的标准化学㶲。现将部分元素的基准物及与其对应基准反应列于表 2-2。

表 2-2　部分元素的基准物及其对应的基准反应

元素	基准反应	基准物	基准物浓度（摩尔分数）
C	$C+O_2 \longrightarrow CO_2(g)$	$CO_2(g), O_2$	0.0003, 0.2034
H_2	$H_2+0.5O_2 \longrightarrow H_2O(l)$	$O_2, H_2O(l)$	0.2034, 1
Fe	$Fe+1.5O_2 \longrightarrow 0.5Fe_2O_3(s)$	$O_2, Fe_2O_3(s)$	0.2034, 1
Si	$Si+O_2 \longrightarrow SiO_2(s)$	$O_2, SiO_2(s)$	0.2034, 1
Ca	$Ca+0.5O_2+CO_2 \longrightarrow CaCO_3(s)$	$O_2, CO_2, CaCO_3(s)$	0.2034, 0.0003, 1
Ti	$Ti+O_2 \longrightarrow TiO_2(s)$	$O_2, TiO_2(s)$	0.2034, 1

【例 2-7】　试用龟山-吉田环境模型求 H_2 的标准化学㶲。

解　氢在环境中的稳定形式是液态水，其基准反应为

$$H_2+0.5O_2 \longrightarrow H_2O(l)$$

其中，氧气浓度为 0.2034（摩尔分数）。根据元素化学㶲的定义，氢的标准摩尔化学㶲为：

$$E^0_{H_2} = -\Delta H + T_0 \Delta S$$

式中，ΔH 为反应过程焓变，其值为 $\Delta H = (\Delta H^0_f)_{m,H_2O} - \frac{1}{2}(\Delta H^0_f)_{m,O_2} - (\Delta H^0_f)_{m,H_2}$，$(\Delta H^0_f)_{m,H_2O}$、$(\Delta H^0_f)_{m,O_2}$、$(\Delta H^0_f)_{m,H_2}$ 分别为液态水、氧气和氢气的标准摩尔生成焓；ΔS 为反应过程的熵变，其值为 $\Delta S = S^0_{m,H_2O} - \frac{1}{2}S_{m,O_2} - S^0_{m,H_2}$，$S_{m,O_2}$ 为 298K、20.34kPa 下 O_2 的熵，S^0_{m,H_2O} 和 S^0_{m,H_2} 分别为液态水和氢气的标准摩尔熵。

查得有关物质标准摩尔生成焓与标准摩尔熵值如下：

组分	$\Delta H^0_{m,f}/(kJ \cdot kmol^{-1})$	$S^0_m/(kJ \cdot kmol^{-1} \cdot K^{-1})$
H_2(气)	0	130.68
O_2(气)	0	205.03
H_2O(液)	-285830	69.91

$$S_{m,O_2} = 205.03 - 8.314\ln 0.2034 = 218.3 kJ \cdot kmol^{-1} \cdot K^{-1}$$

所以　$E^0_{H_2} = -\Delta H + T_0 \Delta S = -(-285830-0-0)+298 \times$

$$(69.91-130.68-0.5\times218.3)$$

$$= 235193.8(kJ \cdot kmol^{-1}) = 235.1938 kJ \cdot mol^{-1}$$

已经有人采用龟山-吉田环境模型将元素的摩尔化学㶲进行了计算，如果环境温度不是 298.15K 时，则可采用下式对其进行校正：

$$E_i = E^0_i + \xi(T_0-298.15) \tag{2-53}$$

式中，E^0_i 是环境温度为 298.15K 时的元素 i 标准摩尔化学㶲；E_i 是环境温度不为 298.15K 时的元素摩尔化学㶲；T_0 是环境温度；ξ 为温度修正系数。

具体的元素化学㶲及其温度修正系数可通过参考文献 [2]、[16] 进行查阅。

2.4.6.2　纯态化合物的化学㶲

由化学反应最大有用功式(2-42) 可知，在标准态下，单质生成化合物时反应可提供的最大有用功即为物系标准生成自由能的减少值，即 $W_{max,T} = -\Delta G^0_{m,f}$。

因此，纯态化合物的标准摩尔化学㶲应等于组成化合物的单质标准摩尔化学㶲之和减去

生成反应过程的最大有用功，即

$$E_{ch}^0 = \sum n_i E_i^0 - W_{max,T} = \sum n_i E_i^0 + \Delta G_{m,f}^0 \tag{2-54}$$

式中，E_{ch}^0 是化合物的标准摩尔化学㶲；E_i^0 是单质 i 的标准摩尔化学㶲；$\Delta G_{m,f}^0$ 是化合物的标准摩尔生成吉布斯自由能；n_i 是生成 1mol 的化合物所消耗单质 i 的摩尔数。

同元素的化学㶲，可采用式（2-55）对环境温度不为 298.15K 的化合物化学㶲进行校正：

$$E_{ch} = E_{ch}^0 + \xi(T_0 - 298.15) \tag{2-55}$$

式中，E_{ch}^0 是环境温度为 298.15K 时化合物的标准摩尔化学㶲；E_{ch} 是环境温度不为 298.15K 时化合物的摩尔化学㶲；T_0 是环境温度；ξ 为温度修正系数。

具体的无机和有机化合物的化学㶲及其温度修正系数可通过参考文献 [2]、[16] 进行查阅。

【例 2-8】 试用龟山-吉田环境模型，计算 O_2 的扩散㶲和 CO_2 气体的标准化学㶲，已知碳元素的标准摩尔化学㶲为 410.83kJ·mol⁻¹。

解 龟山-吉田模型环境参考态 O_2 在大气中的摩尔分数为 0.2034，则 O_2 的摩尔扩散㶲为：

$$E_{O_2} = W_{max} = -\Delta G = -(\Delta H - T_0\Delta S) = T_0\Delta S = -RT_0\ln(p_i^0/p_0) = -RT_0\ln y_i$$
$$= -8.314 \times 298.15 \times \ln 0.2034$$
$$= 3947.72 \text{J·mol}^{-1} = 3.95 \text{kJ·mol}^{-1}$$

查得有关物质标准生成焓与标准熵值如下：

组分	$\Delta H_f^0/(\text{kJ·kmol}^{-1})$	$S^0/(\text{kJ·kmol}^{-1}\cdot\text{K}^{-1})$
C（石墨）	0	5.69
O_2（气）	0	205.03
CO_2（气）	−393800	213.64

CO_2 的生成反应方程式为：

$$C + O_2 \longrightarrow CO_2$$

则 CO_2 的标准摩尔生成吉布斯自由能：

$$\Delta G_{m,f}^0 = \Delta_r G_m^0 = \Delta_r H_m^0 - T_0\Delta_r S_m^0 = -393800 - 298.15 \times (213.64 - 205.03 - 5.69)$$
$$= -394670.60 \text{J·mol}^{-1}$$
$$= -394.67 \text{kJ·mol}^{-1}$$

根据式（2-54）可得 CO_2 的标准摩尔化学㶲

$$E_{CO_2}^0 = \Delta G_{m,f,CO_2}^0 + E_C + E_{O_2} = -394.67 + 3.95 + 410.83 = 20.11 \text{kJ·mol}^{-1}$$

2.4.6.3 混合物的化学㶲

根据偏摩尔性质的概念，定义多组分混合物中组分 i 的偏摩尔㶲为

$$\overline{E_i} \equiv \left[\frac{\partial(nE)}{\partial n_i}\right]_{T,p,n_j}$$

$$\overline{E_i} = E_i + RT_0\ln a_i + (1 - T_0/T)(\overline{H_i} - H_i^0) \tag{2-56}$$

式中，E_i 为系统温度和压力下单组分 i 的摩尔化学㶲；$\overline{H_i}$ 和 H_i^0 分别是组分 i 的偏摩尔焓和标准摩尔焓；a_i 为组分 i 的活度。

$$E_{mix}^0 = \sum x_i\overline{E_i}(T,p,x_i) = \sum x_i[E_i(T,p) + RT_0\ln a_i] + (1 - T_0/T)\Delta_{mix}H \tag{2-57}$$

式中，E_{mix}^0 为混合物的标准摩尔化学㶲；$\Delta_{mix} H$ 为系统混合热；x_i 为组分 i 的摩尔分数。

对于理想混合物，$\Delta_{mix} H = 0$，$a_i = x_i$，则

$$E_{id}^0 = \sum x_i E_i + RT_0 \ln x_i \tag{2-58}$$

对于理想气体混合物，有

$$E_{ig}^0 = \sum y_i E_i + RT_0 \ln y_i \tag{2-59}$$

2.4.6.4　燃料的标准化学㶲

温度 T_0、压力 p_0 的燃料在环境参考态下可逆燃烧生成产物 P，且产物为环境状态 $(T_0、p_0)$ 时所能做出的最大有用功称为燃料的化学㶲，简称燃料㶲。

当燃料 $(T_0、p_0)$ 与氧气等温可逆燃烧生成 P 时，可得 $E_{O_2} + E_F = W_{max} + \sum n_j E_j$，所以：

$$E_F = W_{max} + \sum n_j E_j - E_{O_2} = -\Delta_r G^0 + \sum n_j E_j - n_{O_2} E_{O_2} \tag{2-60}$$

式中，E_F 为燃料的摩尔化学㶲；n_{O_2} 和 E_{O_2} 分别为 1mol 燃料完全燃烧所需的氧气的物质的量和氧气的摩尔化学㶲；n_j 和 E_j 分别为 1mol 燃料完全燃烧所生成物 j 的物质的量和摩尔化学㶲；W_{max} 为可逆燃烧过程中放出的最大有用功；$\Delta_r G^0$ 是燃料氧化反应的标准反应吉布斯自由能。

【**例 2-9**】　计算气体 C_2H_4 燃料的标准化学㶲。

解　C_2H_4 燃料的燃烧反应为

$$C_2H_4 + 3O_2 \longrightarrow 2CO_2 + 2H_2O$$

查得各组分相关数据如下：

组分	$\Delta H_f^0/(kJ \cdot kmol^{-1})$	$S^0/(kJ \cdot kmol^{-1} \cdot K^{-1})$
C_2H_4	52260	219.56
O_2	0	205.03
CO_2	-393800	213.64
$H_2O(l)$	-285830	69.91

反应吉布斯自由能变为

$\Delta_r G = \Delta_r H - T_0 \Delta_r S$

$\quad = (2\Delta H_{f,CO_2}^0 + 2\Delta H_{f,H_2O}^0 - 3\Delta H_{f,O_2}^0 - \Delta H_{f,C_2H_4}^0) - T_0(2S_{CO_2}^0 + 2S_{H_2O}^0 - 3S_{O_2}^0 - S_{C_2H_4}^0)$

$\quad = (-2 \times 393800 - 2 \times 285830 - 52260) - 298.15 \times (2 \times 213.64 +$

$\quad\quad 2 \times 69.61 - 3 \times 205.03 - 219.56)$

$\quad = -1411520 + 79948.92 = -1331571.08 kJ \cdot kmol^{-1} = -1331.57 kJ \cdot mol^{-1}$

由【例 2-8】结果知氧的扩散㶲为 $3.95 kJ \cdot mol^{-1}$，CO_2 的标准摩尔化学㶲为 $20.11 kJ \cdot mol^{-1}$，液体水为参考状态，㶲值为零。由式(2-60) 得 C_2H_4 燃料的标准化学㶲为：

$E_{F,C_2H_4} = -\Delta_r G + \sum n_j E_j - n_{O_2} E_{O_2}$

$\quad\quad = -1331.58 + 2 \times 20.11 + 2 \times 0 - 3 \times 3.95$

$\quad\quad = -1303.2 kJ \cdot mol^{-1}$

对于一般液体和固体燃料（只含 C、H、O 元素），其组成难以确定。当燃料完全燃烧时生成 CO_2 和液态水（其㶲值为零），CO_2 的标准摩尔化学㶲为 $20.11 kJ \cdot mol^{-1}$，而氧的

扩散㶲为 $3.95\text{kJ} \cdot \text{mol}^{-1}$，在式(2-60) 中这三种物质的化学㶲基本可以忽略，近似得 $E_F \approx -\Delta_r G = \Delta_r H - T_0 \Delta_r S \approx \Delta_r H = Q$（恒压燃烧时燃料的燃烧热）。因此，在计算燃料㶲时可近似用燃烧热 Q（燃烧产物中水为液态）来代替。

$$E_F \approx \Delta_r H = -Q \tag{2-61}$$

对于燃料中含有其他元素时，式(2-61) 亦可用来估计其燃烧㶲。

2.5 㶲损失和㶲衡算方程式

2.5.1 㶲损失和㶲衡算方程式

能量守恒是指在一切过程中能量的两个部分——㶲和㶲的总量保持恒定。而只有在可逆过程中，才能保证㶲守恒，即总量恒定；在任何不可逆过程中，必然会产生㶲值的减少，降低能量的品质。可见，㶲是非守恒量，系统的㶲损失是由于过程的不可逆性造成的，包括以下两部分。

（1）内部㶲损失（internal exergy loss） 即由于系统内部各种不可逆因素造成的㶲损失。例如，换热过程中要求换热流体间有一定的温差，需要有一定的浓度差才能保证传质过程的进行，化学反应需要有一定的化学势差等。化工实际过程中为了按照一定的速率进行生产必然存在一定的驱动力，从而都会导致系统的㶲损失。

（2）外部㶲损失（external exergy loss） 即通过这种途径散失和排放到环境中去的㶲损失。例如，工业过程中废气、废水、废渣的排放，会带走物质本身的化学㶲，以及由于保温不好造成的热量耗散等，也都会造成系统的㶲损失。

因此，对于实际过程建立㶲衡算式时，需要在㶲的输出项中附加一项㶲损失，一般的㶲衡算方程式为：

系统㶲的变化＝输入系统的㶲－输出系统的㶲－㶲损失

2.5.2 封闭系统的㶲衡算方程式

研究静止的封闭系统，系统从外部吸收热量为 Q，对外做功为 W，可得封闭系统的㶲衡算方程式为：

$$\Delta E_U = E_Q - E_W - E_L \tag{2-62}$$

其中，系统从外部吸收的热量㶲为：

$$E_Q = \int (1 - T_0/T_H) \delta Q \tag{2-63}$$

式中，T_H 为热源温度。

如果系统在变化过程中与多个热源进行热交换，则分别计算热量㶲，然后求代数和。封闭系统的内能㶲变化为：

$$\Delta E_U = E_{U_2} - E_{U_1} = U_2 - U_1 + p_0(V_2 - V_1) - T_0(S_2 - S_1) \tag{2-64}$$

因此，封闭系统从 1 到 2 的过程的对外所做有用功为：

$$W = \int (1 - T_0/T_H) \delta Q - [U_2 - U_1 + p_0(V_2 - V_1) - T_0(S_2 - S_1)] - E_L \tag{2-65}$$

当封闭系统进行可逆过程时，㶲损失为零，此时系统的理想功为：

$$W_{max} = \int (1 - T_0/T_H) \delta Q - [U_2 - U_1 + p_0(V_2 - V_1) - T_0(S_2 - S_1)] \tag{2-66}$$

因此有

$$W = W_{\max} - E_L \tag{2-67}$$

2.5.3　稳定流动系统的㶲衡算方程式

对于稳定流动开口系统，如图 2-10 所示，根据一般的㶲衡算方程式，可得稳定流动系统的㶲衡算方程式为：

$$\sum E_{i,in} + E_Q - E_W - E_L - \sum E_{j,out} = 0 \tag{2-68}$$

即

$$\int (1 - T/T_0)\delta Q = \sum_{out} E_i - \sum_{in} E_i + W + E_L \tag{2-69}$$

式中，E_i 和 E_j 分别为流入和流出系统物流的㶲值。

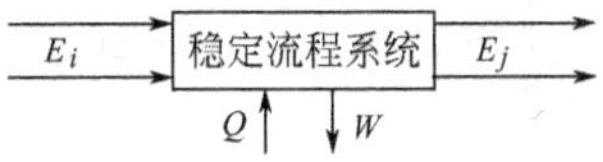

图 2-10　稳定流动系统的㶲衡算

$$E_i = H_i - H_0 - T_0(S_i - S_0) + E_{p,i} + E_{k,i} \tag{2-70}$$

式中，E_p 和 E_k 分别为物流的位能和动能㶲。

如果同时有多个热交换，可分别计算热量㶲，然后加和。

所以稳定流动系统的㶲损失为：

$$E_L = \sum \int (1 - T_0/T_H)\delta Q + \sum_{in} E_i - \sum_{out} E_i - W \tag{2-71}$$

【例 2-10】　对于【例 2-2】中图 2-4 所示的加热式搅拌反应器系统进行㶲平衡分析。

解　此系统除反应器外无其他热损失，且忽略各物流的动能和位能，则根据稳定流的热力学第一定律得能量平衡方程：

$$E_F + E_p + E_{Q1} = E_P + E_{Q2} + E_L + E_f$$

式中，E_F 和 E_P 分别为原料和产品的㶲值；E_p 为泵所提供的功 W_P 的㶲；E_{Q1} 为夹套中蒸汽向反应器所提供的热量 Q_1 的㶲值；E_{Q2} 为物流经冷却器被冷却水带走的热量 Q_2 的㶲；E_f 为反应器散热造成的㶲损失，即外部㶲损失；E_L 为过程由于不可逆性引起的㶲损失，即内部㶲损失。

对于功的㶲，有 $E_P = W_P$；对于热量㶲有 $E_Q = Q - T_0 \int \dfrac{\delta Q}{T} = Q - T_0 \Delta S$。

该过程的㶲损失包括外部损失（反应器散热），由于过程的不可逆性造成的内部㶲损失，以及热量传递过程中温差及反应过程的不可逆性带来的㶲损失等。

【例 2-11】　对于分离过程冷凝器或再沸器的换热系统。用一递流换热器对一股热流和一股冷流进行换热。热物流从 150℃ 被冷却到 80℃，冷物流从 20℃ 被加热到 90℃。热物流和冷物流的比热均为 $4.0 kJ \cdot kg \cdot ℃^{-1}$，流量均为 $100 kg \cdot min^{-1}$。求传热过程中热物流和冷物流的熵变以及过程的㶲损失。假设传热过程没有散热损失，冷、热物流的比热容（c_p）为常数。

解　热物流从温度 T_1 被冷却到 T_2，其熵值变化为：

$$\Delta S_H = \int \frac{\delta Q}{T_H} = \int_{T_1}^{T_2} \frac{c_p m \, dT}{T_H} = c_{p,H} m_H \ln \frac{T_2}{T_1}$$

其㶲值变化为：

$$\Delta E_{\mathrm{H}} = \int \left(1 - \frac{T_0}{T_{\mathrm{H}}}\right)\delta Q = \int_{T_1}^{T_2}\left(1 - \frac{T_0}{T_{\mathrm{H}}}\right)\frac{c_{p,\mathrm{H}}m_{\mathrm{H}}}{T_{\mathrm{H}}}\mathrm{d}T$$

$$= c_{p,\mathrm{H}}m_{\mathrm{H}}\left[(T_2 - T_1) - T_0\ln\frac{T_2}{T_1}\right]$$

冷物流从温度 T_3 被加热到 T_4，其熵值变化为：

$$\Delta S_{\mathrm{C}} = \int\frac{\delta Q}{T_{\mathrm{C}}} = \int_{T_3}^{T_4}\frac{c_{p,\mathrm{C}}m_{\mathrm{C}}\mathrm{d}T}{T_{\mathrm{C}}} = c_{p,\mathrm{C}}m_{\mathrm{C}}\ln\frac{T_4}{T_3}$$

其㶲值变化为：

$$\Delta E_{\mathrm{C}} = \int\left(1 - \frac{T_0}{T_{\mathrm{C}}}\right)\delta Q = \int_{T_3}^{T_4}\left(1 - \frac{T_0}{T_{\mathrm{H}}}\right)\frac{c_{p,\mathrm{C}}m_{\mathrm{C}}}{T_{\mathrm{C}}}\mathrm{d}T$$

$$= c_{p,\mathrm{C}}m_{\mathrm{C}}\left[(T_4 - T_3) - T_0\ln\frac{T_4}{T_3}\right]$$

计算过程㶲损失有两种方法：

(1) $E_{\mathrm{L}} = T_0(\Delta S_{\mathrm{C}} + \Delta S_{\mathrm{H}}) = T_0\left(c_{p,\mathrm{H}}m_{\mathrm{H}}\ln\frac{T_2}{T_1} + c_{p,\mathrm{C}}m_{\mathrm{C}}\ln\frac{T_4}{T_3}\right)$

(2) $E_{\mathrm{L}} = -(\Delta E_{\mathrm{H}} + \Delta E_{\mathrm{C}}) = -c_{p,\mathrm{H}}m_{\mathrm{H}}\left[(T_2 - T_1) - T_0\ln\frac{T_2}{T_1}\right] -$

$\qquad c_{p,\mathrm{C}}m_{\mathrm{C}}\left[(T_4 - T_3) - T_0\ln\frac{T_4}{T_3}\right]$

当 $T_1/T_2 < 2$ 且 $T_3/T_4 < 2$ 时，可以用算术平均值代替对数平均值，即 $\dfrac{T_1 - T_2}{\ln(T_1/T_2)} = \dfrac{T_1 + T_2}{2}$，得 $\ln\dfrac{T_1}{T_2} = \dfrac{2(T_1 - T_2)}{T_1 + T_2}$，同理 $\ln\dfrac{T_3}{T_4} = \dfrac{2(T_3 - T_4)}{T_3 + T_4}$。

对于此例，$T_1 = 150℃ = 423\mathrm{K}$，$T_2 = 80℃ = 353\mathrm{K}$，$T_3 = 20℃ = 293\mathrm{K}$，$T_4 = 90℃ = 363\mathrm{K}$，$m_{\mathrm{H}} = m_{\mathrm{C}} = 100\mathrm{kg \cdot min^{-1}}$，$c_{p,\mathrm{H}} = c_{p,\mathrm{C}} = 4.0\mathrm{kJ \cdot kg^{-1} \cdot ℃^{-1}}$

方法一：

$$\Delta S_{\mathrm{H}} = c_{p,\mathrm{H}}m_{\mathrm{H}}\ln\frac{T_2}{T_1} = c_{p,\mathrm{H}}m_{\mathrm{H}}\frac{2(T_2 - T_1)}{T_1 + T_2} = 4.0 \times 100 \times \frac{2 \times (353 - 423)}{423 + 353}$$

$$= -72.16\mathrm{kJ \cdot min^{-1} \cdot K^{-1}}$$

$$\Delta S_{\mathrm{C}} = c_{p,\mathrm{C}}m_{\mathrm{H}}\ln\frac{T_4}{T_3} = c_{p,\mathrm{H}}m_{\mathrm{H}}\frac{2(T_4 - T_3)}{T_3 + T_4} = 4.0 \times 100 \times \frac{2 \times (363 - 293)}{293 + 363}$$

$$= 85.37\mathrm{kJ \cdot min^{-1} \cdot K^{-1}}$$

$$E_{\mathrm{L}} = T_0(\Delta S_{\mathrm{C}} + \Delta S_{\mathrm{H}}) = 298 \times (-72.16 + 85.37) = 3936.58\mathrm{kJ \cdot min^{-1}}$$

方法二：

热物流㶲变：

$$\Delta E_{\mathrm{H}} = c_{p,\mathrm{H}}m_{\mathrm{H}}\left[(T_2 - T_1) - T_0\ln\frac{T_2}{T_1}\right]$$

$$= c_{p,\mathrm{H}}m_{\mathrm{H}}\left[(T_2 - T_1) - T_0\frac{2(T_2 - T_1)}{T_1 + T_2}\right]$$

$$= 4.0 \times 100 \times \left[(353 - 423) - 298 \times \frac{2 \times (353 - 423)}{353 + 423}\right]$$

$$= -6494.85\mathrm{kJ \cdot min^{-1}}$$

冷物流㶲变：

$$\Delta E_C = c_{p,C} m_C \left[(T_4 - T_3) - T_0 \ln \frac{T_4}{T_3} \right] = c_{p,C} m_C \left[(T_4 - T_3) - T_0 \frac{2(T_4 - T_3)}{T_4 + T_3} \right]$$

$$= 4.0 \times 100 \times \left[(363 - 293) - 298 \times \frac{2 \times (363 - 293)}{363 + 293} \right]$$

$$= 2560.98 \text{kJ} \cdot \text{min}^{-1}$$

所以该过程的㶲损失：

$$E_L = -(\Delta E_C + \Delta E_H) = -2560.98 + 6494.85 = 3933.87 \text{kJ} \cdot \text{min}^{-1}$$

符号说明

a	活度	z	高度，m
A	炁，J	Δ	由入口至出口的变化量
c	速度，$\text{m} \cdot \text{s}^{-1}$	γ	活度系数
c_p	定压比热容，$\text{kJ} \cdot \text{kg}^{-1} \cdot \text{K}^{-1}$	γ_i	物质 i 的化学反应计量系数
$C_{V,m}$	摩尔定容热容，$\text{J} \cdot \text{mol}^{-1} \cdot \text{K}^{-1}$	ξ	温度修正系数
E	㶲，J	η	热机效率
f	逸度，Pa	ρ	密度，$\text{kg} \cdot \text{m}^{-3}$
g	重力加速度，$9.81\text{m} \cdot \text{s}^{-2}$	ω	固体燃料的含水率
g_i	i 物质的比吉布斯自由能，$\text{kJ} \cdot \text{kg}^{-1}$	**上标**	
G	吉布斯自由能，kJ	0	标准态
G_m	摩尔吉布斯自由能，$\text{kJ} \cdot \text{mol}^{-1}$	—	偏摩尔性质
H	焓，J	**下标**	
h	比焓，$\text{J} \cdot \text{kg}^{-1}$	C	冷物流，冷源，冷凝器
H_m	摩尔焓，$\text{J} \cdot \text{mol}^{-1}$	ch	化学
m	质量，kg	D	塔顶产物（2.3）
n	物质的量，mol	D	扩散（2.4.5）
p	压力，Pa	F	燃料
p_g	表压力，Pa	F	进料（2.3）
p_v	真空度，Pa	f	进料
p_0	大气压力，Pa	f	生成（2.4.6）
Q	热，J	fs	物流
s	比熵，$\text{J} \cdot \text{kg}^{-1} \cdot \text{K}^{-1}$	H	热物流，热源
S	熵，$\text{J} \cdot \text{K}^{-1}$	id	理想混合物
S_m	摩尔熵，$\text{J} \cdot \text{mol}^{-1} \cdot \text{K}^{-1}$	ig	理想气体混合物
T	热力学温度，K	in	进口
t	摄氏温度，℃	k	动能
T_F	华氏温度，℉	L	损失（2.5）
u	比内能，$\text{J} \cdot \text{kg}^{-1}$	L	低温热量（2.3）
U	内能，J	m	摩尔
v	比容，$\text{m}^3 \cdot \text{kg}^{-1}$	max	最大
V	容积，m^3	min	最小
W	功，J	n	净剩
x	液体摩尔分数	out	出口
y	气体摩尔分数	p	位能

Q	热	U	内能
r	反应	W	塔釜产物（2.3）
R	再沸器	W	功

思 考 题

1. 在热力学中，封闭系统和孤立系统有什么区别？

2. 系统中状态函数可分为两类，分别为广度性质和强度性质。对每个类别举出几个例子。

3. 什么是系统的平衡态？请简单描述。

4. 系统处于平衡态应该满足哪些条件？

5. 表压力或真空度能否作为状态参数进行热力学计算？

6. 当真空表指数越大时，表明被测对象的实际压力越大还是越小？

7. 能否说系统处于某一指定状态具有多少功？做功多少与什么有关？

8. 系统熵的增大意味着什么？什么过程熵增为零？

9. 怎么理解热力学第二定律体现了能量的"质"？

10. 要获得理想功，系统需要满足什么条件？

11. 分离的最小功需要在理想状态下进行，这里的理想状态指的是什么？

12. 为了获得最大有用功，应该把反应物提前混合再通入反应器还是分别通入反应器让其在反应器中反应？

13. 研究过程的净功消耗具有什么意义？

14. 为什么实际上精馏塔的热力学效率比理论计算低很多？

15. 为什么相同类别的能量与环境的差别越大能量的㶲值越大？

计 算 题

1. 一操作人员用真空表测得管道入口处真空度为 15kPa，管道出口处真空度为 30kPa，那么该管道出口处绝对压强为多少？该管道的压力损失为多少？

2. 一台离心式鼓风机在运转过程中出口的绝对压强为 0.04MPa，如果用压力表去测量其正常运转下的出口压强，其读数应为多少？

3. 已知一台离心泵在运转过程中用压力表和真空表分别测得出口和入口压强为 80kPa 和 60kPa，试问离心泵进出口的绝对压强和该离心泵给流体增压了多少？

4. 如图 2-11 所示已知一反应器有两股进料，分别为进料 1 和进料 2，该反应为放热反应，用冷却水将反应器保持稳定的反应温度，反应器夹套热损失为 $Q_{损}$，试着做出整个系统的能量平衡方程。

5. 如图 2-12 所示，有一换热器将一股热物流冷却，用冷却水当作冷却剂，反应器有一定的热损失，试着做出整个系统的能量平衡方程。并且分析热损失原因，提出减少热损失的方案。

6. 在 320K 和 1atm 下，CH_4 和 O_2 进行燃烧反应生成 CO_2 和 H_2O，试分别求出在反应前进行混合和反应前不进行混合这两种情况下此化学反应的最大反应有用功。下表中给出了有关物质标准摩尔生成焓、标准摩尔熵。

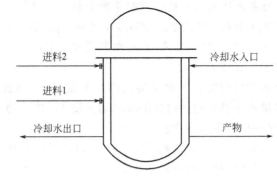

图 2-11 反应器

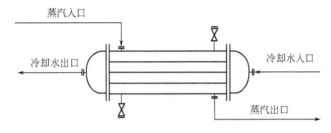

图 2-12 冷却器

组分	$\Delta H_{f,m}^0/(kJ \cdot mol^{-1})$	$S_m^0/(kJ \cdot kmol^{-1} \cdot K^{-1})$
CH_4(气)	-74.9	186.25
O_2(气)	0	205.138
CO_2(气)	-393.509	213.740
H_2O(液)	-242.00	69.95

7. 试着比较 1MPa 和 7MPa 的饱和蒸气的有效能大小。取环境状态为 101.325kPa, 温度为 298.15K。就计算结果对蒸气的合理利用加以讨论。

8. 把 300K、100kPa 的 1kg 甲烷可逆压加热到 500K, 试求所加热量中的㶲和炕。甲烷的平均定压比热容 $c_p = 2.54kJ \cdot kg^{-1} \cdot K^{-1}$, 设环境大气温度为 25℃。

9. 已知 CO 的标准化学生成焓为 $-137.37kJ \cdot mol^{-1}$, 元素碳的标准摩尔化学㶲为 $410.83kJ \cdot mol^{-1}$, 氧气的标准摩尔化学㶲为 $3.93kJ \cdot mol^{-1}$, 试求 CO 的标准化学㶲。

10. 试用龟山-吉田环境模型, 计算 N_2 的扩散㶲。

11. 大气中二氧化碳的摩尔组成为 0.0003, 已知氧元素的标准㶲为 $1.977kJ \cdot mol^{-1}$, 二氧化碳的标准生成吉布斯函数为 $-394.394kJ \cdot mol^{-1}$, 试求出碳元素的标准化学㶲为多少?

12. 计算乙炔气体烷燃料的标准化学㶲。液体水为参考状态㶲值为零。

查得各组分相关数据如下

组分	$\Delta H_f^0/(kJ \cdot mol^{-1})$	$S^0/(kJ \cdot kmol^{-1} \cdot K^{-1})$
C_2H_2	226.748	200.928
O_2	0	205.03
CO_2	-393.8	213.64
$H_2O(l)$	-285.83	69.91

13. 对于题 2-4 所示的夹套反应器系统进行㶲平衡分析。

14. 1kg 空气在压缩机内由 0.1034MPa、299.7K 可逆绝热压缩到 0.517MPa。设过程为稳流过程，且忽略动能和位能变化。空气视为理想气体，$C_V = 0.716$kJ·kg^{-1}·K^{-1}，$C_p = 1.005$kJ·kg^{-1}·K^{-1}，试求压缩功。

15. 某工厂有两种余热可以利用，一种是高温排烟余热，$Q_1 = 41860000$kJ·h^{-1}，温度为 800℃；另一种是低温排水余热，$Q_2 = 125560000$kJ·h^{-1}，温度为 80℃。假设环境温度为 25℃。试求两种余热中㶲值的各为多少？

16. 一股氮气初态为 300kPa、45℃，绝热流经一阀门，经过节流过程到 110kPa。假设环境温度为 27℃，求这个节流过程带来的㶲损失。

第 3 章　化工节能的新技术

3.1　夹点技术

　　换热是化工生产中不可缺少的单元操作过程，总是伴随着一些物流被加热，一些物流被冷却。对于一个含有换热物流的工艺流程而言，将其中的换热物流提取出来，就组成了换热网络系统。在工艺设计中，换热的目的不仅是为了使物流温度满足工艺要求，而且也是为了回收过程余热，减少公用工程消耗，实现系统工程节能。

　　20 世纪 80 年代，英国 B. Linnhoff 教授开创了夹点（也称为狭点或窄点）理论与方法，改变了化学工程师解决能量效率问题的传统方式，产生了巨大的节能效益。首先采用这种技术的是 BASF 公司的化工生产基地路德维希港和安特卫普两地，蒸汽消耗量每小时减少约 700t，取消了原来规划的在这两个化工生产基地再建一个发电厂的计划。随后，夹点技术在化工行业的 500 多家企业约 1000 套装置上使用，平均节能效果达到 30% 以上。

　　夹点技术适用于过程系统的设计和节能改造。过程系统是指过程工业中的生产系统，可分为如下三个子系统：工艺过程子系统、热回收换热网络子系统和蒸汽动力公用工程子系统。夹点技术目前主要应用在热回收换热网络子系统和蒸汽动力公用工程子系统构成的换热网络，因为这种换热网络的优化综合对于降低整个过程系统的能耗、减少投资和操作费用有十分重要的意义。换热网络是指在生产过程中由冷、热物流之间进行换热的换热器、加热公用工程中的加热器以及冷却公用工程中的冷却器所构成的换热系统。

3.1.1　温焓图与复合曲线

　　工艺流股的热特性可以用温焓图（T-H 图）表示。温焓图以温度 T 为纵坐标，以焓 H 为横坐标。在换热过程中被加热的物流称为冷物流，被冷却的物流称为热物流。热物流从高温到低温，冷物流从低温到高温。交换的热量用横坐标两点之间的距离（即焓差 ΔH）表示，与焓 H 的绝对数值无关。因此物流线左右平移，并不影响物流的温位和热量。

　　物流从状态 1 变化到状态 2 时，

$$Q = \int FC_p \mathrm{d}T \tag{3-1}$$

　　式中，FC_p 是热容流率，$kW \cdot K^{-1}$，是质量流率与定压比热容的乘积。

　　当热容流率 FC_p 为常数时，则

$$Q = FC_p \Delta T = \Delta H \tag{3-2}$$

　　此时温焓图（T-H 图）上的一条上升直线代表一股冷物流被加热（Q 为正值），一条下降直线表示一股热物流被冷却（Q 为负值），如图 3-1 所示。物流的 T-H 图斜率为热容流率 FC_p 的倒数 $1/FC_p$，所以 FC_p 越大，斜率越小，在同样的热量交换下物流的温度变化越小。

　　在有多股热物流（或冷物流）的情况下，可以将它们的温焓线合并，组成复合曲线。在第 i 温区的总热量可表示为：

$$Q_i = \Delta H_i = \sum_j (FC_p)_j (T_i - T_{i+1}) \tag{3-3}$$

　　式中，j 为第 i 温区的物流数。

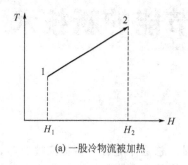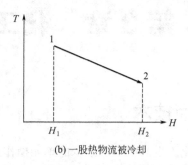

(a) 一股冷物流被加热　　　　　　　　(b) 一股热物流被冷却

图 3-1　T-H 图上的冷、热物流

设有三股热物流，其热容流率分别为 A、B、C（$kW \cdot ℃^{-1}$），温位分别为（$T_1 \to T_3$）、（$T_2 \to T_4$）、（$T_2 \to T_5$）。因此可划分为四个温区，根据式（3-3），各温度区间负荷分别为[如图 3-2(a) 所示]：

$$\Delta H_1 = A(T_1 - T_2), \quad \Delta H_2 = (A+B+C)(T_2 - T_3),$$
$$\Delta H_3 = (B+C)(T_3 - T_4), \quad \Delta H_4 = C(T_4 - T_5)$$

由此绘制的三股热物流的复合曲线如图 3-2(b) 所示。多股冷物流的组合温焓图的绘制方法与此类似。

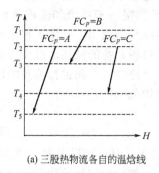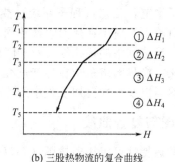

(a) 三股热物流各自的温焓线　　　　　(b) 三股热物流的复合曲线

图 3-2　复合温焓线

3.1.2　夹点及夹点温差

工业实践中通常多股热物流与多股冷物流进行换热。此时，将所有热物流合并成一根热复合曲线，所有的冷流合并成一根冷复合曲线，然后将两者一起表示在温焓图上，如图 3-3 所示。

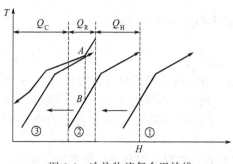

图 3-3　冷热物流复合温焓线

虽然冷、热复合曲线在温焓图上左右平移不改变温位和热量的大小，但是当冷复合曲线远离热复合曲线而处于位置①时，冷、热两条复合曲线间的垂直距离无穷大，也就是传热温差为无穷大时冷热物流才会进行换热，此时换热量为零；当冷复合曲线逐渐靠近热复合曲线而处于位置②时，冷、热复合曲线的垂直距离逐渐变小，垂直最小距离为传热温差（$T_A - T_B$），此时换热量为 Q_R。冷热物流热量不足的部分分别由加热公用工程（需补充热量 Q_H）和冷却公用工程（需提供冷量 Q_C）补充。可

以设想，如果继续将冷复合曲线靠近热复合曲线，则两条曲线在 A 点重合而处于位置③时，冷、热复合曲线的垂直最小距离为零，最小传热温差为零，就达到了实际可行的极限位置。此时换热量达到最大，也就是说，所需的加热公用工程和冷却公用工程用量最小。重合点的传热温差为零，A 点即为夹点。夹点位置通常出现在某股物流的入口温度处。

夹点温差为零时操作需要无限大的传热面积，因此在实际情况中是不可能实现的。但可以通过技术经济评价来确定一个系统最小的传热温差——夹点温差 $\Delta T_{\min}$，夹点即冷、热复合曲线中传热温差最小的地方 [如图 3-4(a) 所示]。

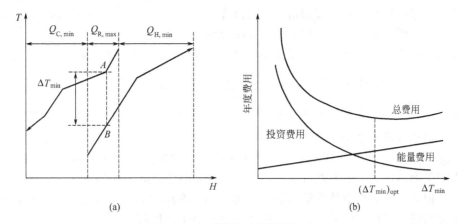

(a)　　　　　　　　　　　　(b)

图 3-4　夹点温差对费用的影响

在夹点设计之前，首先必须设定最优夹点温差，因为夹点温差的大小对换热网络的综合起着决定性作用。夹点温差越小，热回收量越多，则所需的加热和冷却公用工程用量越少，即运行中能量费用（操作费用）越小。但夹点温差减少，若保持相同的换热量，将导致换热面积增加，造成设备投资费用增大。传热温差与费用（操作费用、投资费用以及两者之和的总费用）之间的关系，类似于《化工原理》课程所讲述的精馏过程中的回流比与费用之间的对应关系，如图 3-4(b) 所示。

因为设备投资费用与 $\Delta T_{\min}$ 的关系无法用函数关系式直接描述，目前还没有直接方法能够精确计算最优的最小温差 $(\Delta T_{\min})_{\text{opt}}$。通常可按以下几种方法计算最优夹点温差的近似值。

① 根据经验选取合适的夹点温差。此时需要考虑的因素包括：公用工程和换热器材质价格、换热工质、传热系数等。

例如冷热物流在高温换热时，夹点温差 $\Delta T_{\min}$ 可取较大，以换取传热面积的减少；而在低温换热时，夹点温差宜选取得较小，因为对冷冻换热系统，冷量㶲一般很大，冷冻公用工程的费用很高。当换热器材质价格较高或能源价格较低时，可取较高的夹点温差来减少换热面积，如对钛材或不锈钢换热系统，夹点温差可选取较大，从而减少材质费用；反之，能源价格较高时，采用较低的夹点温差，减少对公用工程的需求。

② 给定不同的夹点温差，分别综合出不同的换热网络，然后以总费用最小为目标函数，通过比较寻找出最优的夹点温差。这种方法的工作量大，运用起来较复杂。

③ 在换热网络综合之前，依据冷、热复合温焓线，通过数学优化估算最优夹点温差。首先设定一个夹点温差，利用冷、热复合曲线，求出加热和冷却公用工程能量目标。其次求出最小换热单元数目。假定冷、热流体逆流垂直换热，求出最小换热面积，从而得到总费用。最后进行判断是否达到最优，若是，则输出结果；否则，改变夹点温差，重新进行迭代计算。

3.1.3　问题表法

已知夹点温差，就可利用冷、热复合温焓线确定夹点位置及最小公用工程用量。但图解法很烦琐，且不够准确。因此采用问题表法来精确计算。

问题表法的计算步骤如下所述。

① 将所有冷、热物流的出、入口温度按大小顺序排列在一起，划分温度区间。在每个温区内，应保证热物流比冷物流温度至少高 ΔT_{min}，以满足区间内冷、热物流换热的温差要求。为此，可事先将所有冷物流的出、入口温度上升 $\Delta T_{min}/2$，所有热物流的入、出口温度下降 $\Delta T_{min}/2$，再将所有冷、热物流的温度按大小顺序排列在一起。

② 计算每个温区内的热平衡，以确定各温区所需的加热量和冷却量，计算式为：

$$\Delta H_i = \left[\sum (FC_p)_C - \sum (FC_p)_H \right](T_i - T_{i+1}) \tag{3-4}$$

式中，ΔH_i 为第 i 温区所需外加热量，kW；$\sum (FC_p)_C$、$\sum (FC_p)_H$ 分别为第 i 温区内冷、热物流热容流率之和，kW·℃$^{-1}$；T_i、T_{i+1} 分别为第 i 温区的进、出口温度，℃。

③ 进行热级联计算。计算系统与外界无热量交换时各温区之间的热通量。各温区之间可有自上而下的热通量，但不能有逆向热通量，即各温区之间的热通量大于等于 0。如果热通量出现负值，说明需要由外界输入加热公用工程。取出现的负热通量之中绝对值最大的，其绝对值为所需外界加入的最小热量，即最小加热公用工程用量，而由最后一个温区流出的热通量，即为最小冷却公用工程用量。

④ 温区之间热通量为零处，即为夹点。

下面通过一个例子，说明问题表法的计算。

【例 3-1】 某一换热系统的工艺物流为两股热流和两股冷流，物流参数如表 3-1 所示。取冷热流体之间的最小传热温差为 10℃。用问题表法确定该换热系统的夹点位置以及最小加热公用工程用量和最小冷却公用工程用量。

表 3-1　物流参数

物流编号和类型		热容流率 FC_p/(kW·℃$^{-1}$)	供应温度/℃	目标温度/℃
1	热物流	2.0	180	40
2	热物流	6.0	140	40
3	冷物流	2.6	30	105
4	冷物流	3.0	60	180

解　步骤一　划分温区

（1）分别将所有热流和所有冷流的进、出口温度（℃）从小到大排列起来。

热物流：40，140，180

冷物流：30，60，105，180

（2）计算各冷流和热流进、出口的平均温度（℃），即将热物流的入、出口温度下降 $\Delta T_{min}/2$，冷物流的入、出口温度上升 $\Delta T_{min}/2$

热物流：35，135，175

冷物流：35，65，110，185

（3）将所有冷热物流的平均温度（℃）从小到大排列起来。

冷热物流：35，65，110，135，175，185

（4）整个系统可以划分为五个温区，如图 3-5 所示，分别为

第 1 温区（℃）185→175　　第 2 温区（℃）175→135

第 3 温区（℃）135→110　　第 4 温区（℃）110→65　　第 5 温区（℃）65→35

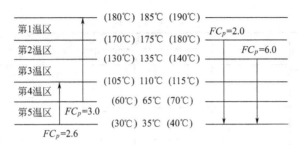

图 3-5　温区划分

步骤二　温区内热平衡计算，根据式(3-4)，计算结果命名为"亏缺热量"，用 D_i 来表示，将结果列于表 3-2 第三列。

第 1 温区：$D_1=3.0\times(185-175)=30kW$

第 2 温区：$D_2=(3.0-2.0)\times(175-135)=40kW$

第 3 温区：$D_3=(3.0-6.0-2.0)\times(135-110)=-125kW$

第 4 温区：$D_4=(3.0+2.6-6.0-2.0)\times(110-65)=-108kW$

第 5 温区：$D_5=(2.6-2.0-6.0)\times(65-35)=-162kW$

D_i 为负表示该温区有剩余热量。

步骤三　计算系统与外界无热量交换时各温区之间的热通量，命名为"累积热量"，包括输入热量（I_i）和输出热量（Q_i）的计算。此时，第 1 温区的输入热量为零，其余各温区的输入热量等于上一温区的输出热量，每一温区的输出热量等于本温区的输入热量减去本温区的亏缺热量 D_i，计算结果列于表 3-2 第四、第五列。

第 1 温区：$I_1=0kW$，$Q_1=0-30=-30kW$

第 2 温区：$I_2=-30kW$，$Q_2=-30-40=-70kW$

第 3 温区：$I_3=-70kW$，$Q_3=-70+125=55kW$

第 4 温区：$I_4=55kW$，$Q_4=55+108=163kW$

第 5 温区：$I_5=163kW$，$Q_5=163+162=325kW$

步骤四　确定最小加热公用工程用量。从步骤三的计算中可以看到，当无外界热量输入时，第 1 温区向第 2 温区以及第 2 温区向第 3 温区输入的热量为负值，这意味着热量由第 2 温区向第 1 温区提供，由第 1 温区向更高温的加热公用工程输入热量，这在热力学上是不合理的。为消除这种不合理现象，使各温区之间的热通量≥0，就必须从外界输入热量，使原来的负值至少变为零，输入量为所有 Q_i 中负数绝对值最大值。因此得到最小加热公用工程量为 70kW。

步骤五　计算外界输入最小加热公用工程量时各温区之间的热通量。为方便计算，该公用热量从第 1 温区输入，计算方法同步骤三，将结果列于表 3-2 最后两列。

第 1 温区：$I_1=70kW$，$Q_1=70-30=40kW$

第 2 温区：$I_2=40kW$，$Q_2=40-40=0kW$

第 3 温区：$I_3=0kW$，$Q_3=0+125=125kW$

第 4 温区：$I_4=125kW$，$Q_4=125+108=233kW$

第 5 温区：$I_5=233kW$，$Q_5=233+162=395kW$

最后温区输出的热量395kW即为最小冷却公用工程用量。

步骤六　确定夹点位置。第2温区和第3温区之间热通量为零，此处就是夹点，即夹点在平均温度135℃（冷物流温度130℃，热物流温度140℃）处。

表 3-2　问题表

温度/℃ 和温区	物流	D_i/kW	累积热量/kW		热通量/kW	
			I_i	Q_i	I_i	Q_i
185 第1温区 175		30	0	−30	70	40
第2温区 135		40	−30	−70	40	0
第3温区 110		−125	−70	55	0	125
第4温区 65		−108	55	163	125	233
第5温区 35		−162	163	325	233	395

3.1.4　夹点的意义

夹点的存在限制了能量的进一步回收，它表明了换热网络消耗的公用工程用量已达到最小状态。夹点把整个换热系统分解成了夹点之上和夹点之下两个独立的子系统。

在夹点处换热量为0。在夹点之上，换热网络仅需要加热公用工程。在夹点之下，换热网络只需要冷却公用工程。夹点以上热物流与夹点之下冷物流的匹配（热量穿过夹点），将导致公用工程用量的增加。假如有 x 单位热量从夹点流过，根据焓平衡，必将使夹点之上的加热公用工程用量增加 x 单位，同时也使夹点之下的冷却公用工程用量增加 x 单位。如果在夹点之下热源中设置加热器，用加热公用工程输入 x 单位热量，根据夹点之上子系统热平衡可知，这 x 单位热量必然要由冷却公用工程移出，结果加热公用工程量和冷却公用工程量均增加了 x 单位。同理，如果在夹点之上设置冷却器，系统的加热公用工程量和冷却公用工程量也均相应的增加。为了使总能耗最少，设计时应遵循以下规则：

① 避免夹点之上热物流与夹点之下冷物流间的匹配；
② 夹点之上禁用冷却器；
③ 夹点之下禁用加热器。

换热网络综合设计中只要遵循上述三条原则，就可保证换热网络能量最优，即热回收最大，公用工程消耗量最小，最大程度地节约能量。

3.1.5　夹点法设计能量最优的换热网络

最优换热网络设计的目标是，在能量消耗最少的前提下，寻求设备投资最少，即所需换热器数量最少。实际上，这两方面很难同时满足。为了减少换热单元数，往往要牺牲一些能量消耗。因此在设计换热网络时，存在能量与换热设备数的折中问题。在实际进行网络设计时，一般是先找出最小公用工程消耗，然后再采取一定的方法，减少换热单元数，从能量和设备数上对换热网络进行调优。

3.1.5.1　夹点技术设计准则

在换热网络的合成中，需要考虑各换热物流间的匹配，在夹点处物流匹配受的限制最多，因此首先考虑夹点处的物流匹配，即合成过程从夹点开始，将换热网络分成夹点上、下两部分，分别向两头进行物流间的匹配换热。在夹点设计中，物流匹配应遵循以下两个设计准则。

（1）物流数可行性准则　由于夹点之下不应设置加热器，也就是说夹点之下所有的冷物流均靠与热物流换热达到夹点温度，而热物流可以用冷却器冷却到目标温度，因此每股冷物流必须要有热物流与之匹配，即夹点之下的冷物流数目 N_C 应不大于热物流数目 N_H：

$$夹点之下 \qquad\qquad N_C \leqslant N_H \qquad\qquad (3\text{-}5)$$

同理，在夹点之上，为保证每股热物流都有匹配，应有：

$$夹点之上 \qquad\qquad N_H \leqslant N_C \qquad\qquad (3\text{-}6)$$

式中，N_H 为热物流数或分支数；N_C 为冷物流数或分支数。

如果实际换热过程中，式(3-5)或式(3-6)不能满足，则需要对物流进行分割。

（2）热容流率可行性准则　夹点处的传热推动力达到最小允许传热温差 ΔT_{min}，在离开夹点处应有 $\Delta T \geqslant \Delta T_{min}$，为保证传热推动力 ΔT 不小于 ΔT_{min}，每个夹点匹配物流的热容流率 FC_p 应满足：

$$夹点之上 \qquad\qquad FC_{pH} \leqslant FC_{pC} \qquad\qquad (3\text{-}7)$$

$$夹点之下 \qquad\qquad FC_{pC} \leqslant FC_{pH} \qquad\qquad (3\text{-}8)$$

式中，FC_{pH} 为热流股或分支的热容流率；FC_{pC} 为冷流股或分支的热容流率。

3.1.5.2　物流的分割

根据夹点匹配原则，夹点处的设计过程可分为以下几个步骤（以夹点之上的物流匹配为例，夹点之下类似）：

① 根据给定夹点处的物流数据，判断式(3-6)是否成立，成立进入步骤②，否则进入步骤③；

② 对每个夹点匹配判断式(3-7)是否成立，成立则得到可行的换热匹配，否则进入步骤③；

③ 对冷流股进行分割。

下面以【例3-1】得到的结果来说明如何进行物流的分割，利用问题表法计算得到：最小加热公用工程用量为 70kW，最小冷却公用工程用量为 395kW，夹点位置在平均温度 135℃ 处（热物流 140℃，冷物流 130℃）。

夹点之上：冷物流数为 1（物流 4），热物流数为 1（物流 1），满足物流数可行性准则的要求；物流 1（热）和物流 4（冷）进行匹配，满足 $FC_{pC}(3.0) >$ $FC_{pH}(2.0)$，得到夹点之上的可行性换热匹配，如图 3-6 所示。

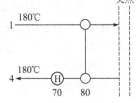

图 3-6　夹点之上的匹配

夹点之下：冷物流数为 2（物流 3 和 4），热物流数为 2（物流 1 和 2），满足物流数可行性准则的要求；但在两股热物流中只有物流 2 的热容流率大于冷物流，它可以和任意一条冷物流匹配，但剩下的物流则无法进行匹配，因此需要对夹点之下的热物流进行分割。

对物流分割采用 Linnhoff 提出的 FC_p 表法，即把夹点之上或之下的冷、热物流的热容流率，按数值的大小分别排成两列列入 FC_p 表，将物流匹配的设计准则列于表头。把必须参加匹配的 FC_p 值用方框圈起（如夹点之下的冷物流必须参加匹配）。物流的分割即对物流热容流率的分割，把分割后的 FC_p 值写在原 FC_p 值旁边。

夹点之下的 FC_p 表如图 3-7 所示，冷物流必须进行匹配，所以把冷物流的 FC_p 值用方框圈起来。需要指出的是，FC_p 表只能帮助我们识别分割的物流，而并不真正代表最终设计中分割物流的分流值。

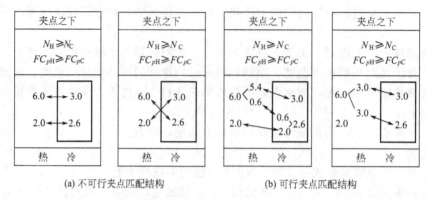

(a) 不可行夹点匹配结构   (b) 可行夹点匹配结构

图 3-7 【例 3-1】夹点之下的 FC_p 表

3.1.5.3 物流的匹配

以最小换热单元数 U_{min} 为目标进行物流的匹配，具体表述为：如果每个匹配均可以使其中一个物流达到其目标温度或最小公用工程用量的要求，那么该流股在以后的设计中不必再考虑。夹点处的物流匹配热负荷通常选择两匹配物流中热负荷小的那个值，这样就可以在后续设计中不再考虑此物流。对【例 3-1】中夹点之下的物流进行匹配的结果，如图 3-8 所示。

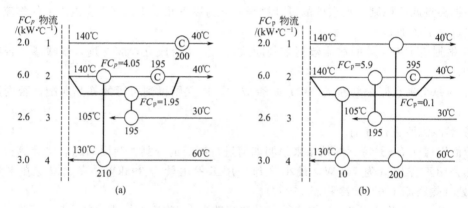

图 3-8 【例 3-1】夹点之下的两个可行设计

最后，把夹点设计法综合能量最优热回收网络归纳如下：

① 换热网络在夹点处分解成冷端（夹点之下）和热端（夹点之上）两个子系统；

② 分别对冷端和热端进行设计，利用可行性准则确定分割流股；

③ 进行物流匹配；

④ 非夹点匹配比较不受限制，可根据经验进行匹配。

夹点设计法对【例 3-1】设计的结果如图 3-9 所示。

3.1.6 换热网络的调优

3.1.6.1 换热网络设计目标

（1）最小公用工程用量 在给定最小传热温差的情况下，采用夹点技术可以得到换热网络的最小加热和最小冷却公用工程用量。公用工程用量随夹点温差而变，夹点温差增大，公用工程用量增大，反之，公用工程用量减少。

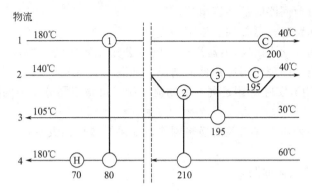

图 3-9 夹点设计法对【例 3-1】设计的结果

（2）最小换热单元数 一个换热网络的最小换热单元数为：

$$U_{\min} = N - 1 \tag{3-9}$$

式中，$U_{\min}$ 为能量最优时的最小换热单元数；N 为物流数（冷热物流数之和）。

在利用夹点法设计能量最优的换热网络时，系统被分解成两个子系统（冷端和热端），两子系统间不允许匹配，所以系统的最小换热单元数为两个子系统的最小换热单元数之和，即

$$U_{E,\min} = (N_H + N_C - 1)_{\text{热端}} + (N_H + N_C - 1)_{\text{冷端}} \tag{3-10}$$

从上式可知：

① 当夹点上、下同时存在冷、热物流时，则

$$U_{E,\min} > U_{\min} \tag{3-11}$$

② 若夹点在换热网络的一端，即不存在夹点之下或夹点之上部分，则

$$U_{E,\min} = U_{\min} \tag{3-12}$$

对于特殊情况，夹点之上无热流股，且夹点之下无冷流股，则两股物流不进行热交换，此时 $U_{E,\min} = U_{\min} = 2$（一个加热器，一个冷却器）。

可见，换热网络不能同时满足公用工程用量和换热单元数最小的要求。公用工程用量最小可保证操作费用最低，换热单元数最小可使设备费用最低，因而存在着操作费和设备费之间的权衡。

3.1.6.2 能量和设备数的权衡

式(3-9) 和式(3-10) 是在换热网络中没有独立的热负荷回路的基础上得到的，所谓的热负荷回路即从一股物流出发沿着与其匹配的物流找下去又回到了该物流。如图 3-10 所示。此处的物流包括公用工程物流，如图 3-10(b) 所示。Linnhoff 证明每多出一个独立的热负荷回路，实际换热网络中就会多出一个换热单元。

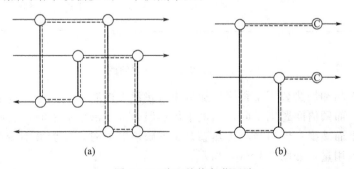

图 3-10 独立的热负荷回路

（1）在识别热负荷回路时的注意事项

在识别热负荷回路时，需要注意以下两点：

① 在换热网络中，不同的加热器用的是同一公用工程物流，所以连接不同加热器的物流可以看作同一物流。同理可得冷却器的情况，如图 3-10（b）所示。

② 对于分割的物流实际上还是同一股物流，所以可将不同分支上的换热器连接起来。

（2）调整步骤

对于已满足最小公用工程消耗的换热网络，如果换热单元数不是最少的，可以采用以下步骤进行调整：

① 找出独立的热负荷回路；

② 合并换热器；

③ 检查换热网络是否违反了最小传热温差 ΔT_{min} 的限制；

④ 若违反了 ΔT_{min} 的限制，则通过增大公用工程用量的方法使最小传热温差恢复到 ΔT_{min}。

3.1.7 阈值问题

利用冷、热物流温焓复合曲线平移可以确定夹点位置，由此还可以计算最小公用工程消耗。但在实际问题中，并非所有的换热网络问题都存在夹点，只有那些既需要加热公用工程，又需要冷却公用工程的换热网络问题才存在夹点。只需要一种公用工程的问题，称为阈值问题。

当冷、热复合曲线相距较远时，既需要加热公用工程，又需要冷却公用工程，此时的换热网络问题属于夹点问题，如图 3-11（a）所示；当冷复合曲线向左平移，如图 3-11（b）所示，则冷却公用工程消失，只剩下加热公用工程，此时的最小传热温差称为阈值温差，记作 ΔT_{THR}。通过比较 ΔT_{THR} 和 ΔT_{min} 的大小，判断换热网络系统属于阈值问题还是夹点问题。若 $\Delta T_{THR} < \Delta T_{min}$，则属于夹点问题，因为不允许阈值温差小于系统给定的最小温差（夹点温差）。也就是说，冷复合曲线不可以进一步向左平移；反之，若 $\Delta T_{THR} \geqslant \Delta T_{min}$，则属于阈值问题，因为此时冷复合曲线可以进一步向左平移，高端的蒸汽用量会继续减少，但在低端也出现了对蒸汽的需求，如图 3-11（c）所示，导致总的加热公用工程总量不变。

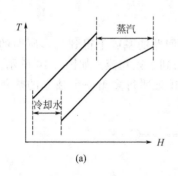
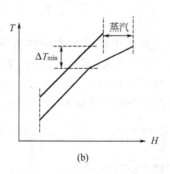
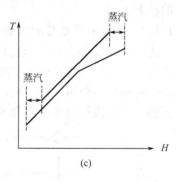

图 3-11 阈值问题与夹点问题

夹点问题的冷却和加热公用工程用量随最小传热温差的减小而减少，且呈线性关系，如图 3-12（a）所示。而阈值问题则不同，当最小传热温差大于阈值温差时，公用工程用量随最小传热温差的减小而减少；但当最小传热温差小于阈值温差时，减少最小传热温差已不能进一步降低公用工程用量，如图 3-12（b）所示。

通过一个例子，说明阈值问题与夹点问题。

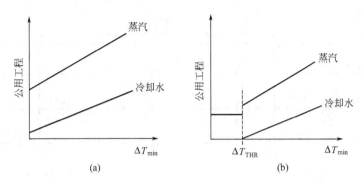

图 3-12　夹点与阈值问题的公用工程用量

【例 3-2】　某一换热系统的工艺物流为两股热流和两股冷流，物流参数如下表所示。取冷热流体之间的最小传热温差为 20℃。用问题表法确定该换热系统的夹点位置以及最小加热公用工程用量和最小冷却公用工程用量。

物流编号和类型	热容流率 FC_p/(kW·℃$^{-1}$)	供应温度/℃	目标温度/℃
1 热物流	3.0	180	70
2 热物流	1.5	160	50
3 冷物流	2.0	30	130
4 冷物流	4.0	50	140

解　利用问题表法计算得到，表 3-3 为其问题表结果。

表 3-3　问题表

温度/℃ 和温区	物流	D_i/kW	累积热量/kW		热通量/kW	
			I_i	Q_i	I_i	Q_i
170 第 1 温区 150		−60	0	60	65	125
第 2 温区 140		−5	60	65	125	130
第 3 温区 60		120	65	−55	130	10
第 4 温区 40		10	−55	−65	10	0

由表 3-3 可知，最小加热公用工程用量为 65kW，而冷却公用工程消失，此时阈值温差等于最小传热温差，属于阈值问题。图 3-13(a) 为热回收网络。

在上例中，取冷热流体之间的最小传热温差为 10℃。用问题表法计算得到最小加热公用工程用量为 65kW，同样不需要冷却公用工程，换热网络如图 3-13 (b) 所示。可见，对于阈值问题，继续减小传热温差，公用工程用量不变，但这并不意味就不存在能源费用与投资费用之间的权衡。对于物流 4 需要的加热公用工程温度降低，加热公用工程量的数量不变、温度降低，整个换热过程㶲损失降低，对节能有利；同样传热温差的进一步降低，对于只需要冷却公用工程的阈值问题，会使部分冷却公用工程的需求温度升高，冷却公用工程量的数量不变、温度升高，整个换热过程㶲损失降低，对节能有利；另外，传热温差的降低，使换热面积增加，投资费用增大。因此，需权衡投资费用和能量费用。与夹点问题类似，对

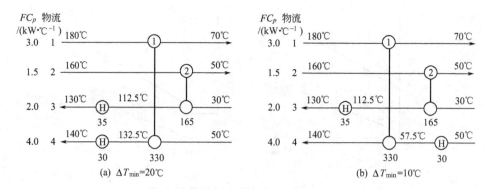

图 3-13 【例 3-2】热回收换热网络

于阈值问题，同样存在一个最优的传热温差。

3.1.8 实际工程项目的换热网络合成

目前老厂改造项目，很多都是节能改造。在老厂改造过程中，不仅要考虑节省能量，还要考虑原有设备的利用，因为这涉及装置的投资费用。利用夹点方法，很容易计算出最小能耗目标，并找到最好的匹配方案，问题是，改进后的方案对原有流程改动程度有多大。下面通过一个例子进行说明。

图 3-14 为一个原有换热网络。有三股热物流，两股冷物流，其中加热公用工程消耗为 196kW，冷却公用工程消耗为 175.3kW。

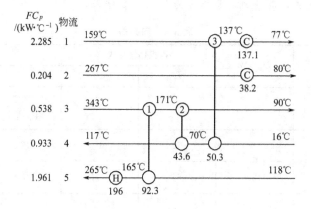

图 3-14 老厂改造问题的原有流程

（1）根据经验选取最小传热温差，利用问题表法确定夹点位置 根据经验取 $\Delta T_{min}=$ 20℃，利用所给数据进行计算，得到夹点位置在平均温度 149℃（热物流温度 159℃，冷物流温度 139℃）处，最小加热公用工程消耗为 126.1kW，最小冷却公用工程消耗为 105.2kW，可见热量的节能潜力（加热公用工程量节约百分比）高达 35.7%。

（2）根据夹点匹配技术分别对夹点之上和夹点之下的子系统进行设计 夹点之上：只能对冷物流 5 进行分割之后分别和热物流 2 和 3 进行匹配，如图 3-15(a) 所示，其中加热器和匹配 1 在原有流程中也存在，而匹配 4 是新增加的。夹点之下：存在多种匹配方案，充分利用原流程中的设备，得到如图 3-15(a) 的匹配方案，此方案只需增加一个新的匹配 5。将两个子系统合并后得到图 3-15(b) 的换热网络，比原换热网络新增了匹配 4 和 5，加热公用工程消耗降低 35.7%，这意味着能量消耗的降低是以增加两台换热器为代价的。

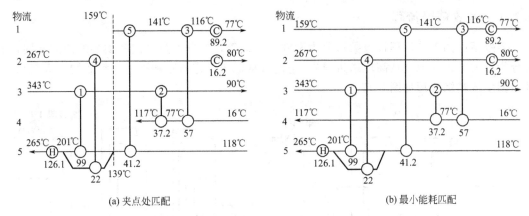

（a）夹点处匹配　　　　　　　　　　　　　（b）最小能耗匹配

图 3-15　老厂改造问题夹点匹配

（3）换热网络的调优　从图 3-15（b）可以看到，从物流 1 的冷却器出发依次经过匹配 5、匹配 4 后到达物流 2 的冷却器，从而构成了一个回路。断开回路，合并匹配 4 和匹配 5，从而减少一个换热器，如图 3-16（a）所示。可见 T_1、T_2 之间违反了允许最小传热温差的约束，通过增大公用工程用量的方法进行调整，得到图 3-16（b），此时与图 3-16（a）相比，减少了一个换热器，但加热和冷却公用工程用量均增加了 22kW，与原流程相比加热公用工程量节约百分比达 24.4%，但增加了一个换热器。

从图 3-16（b）可以看到，从物流 3 出发依次经过匹配 1、匹配 5、匹配 3、匹配 2 后回到物流 3，从而构成了一个回路。若继续断开回路，去掉匹配 5，则所得换热网络和原有流程相同。

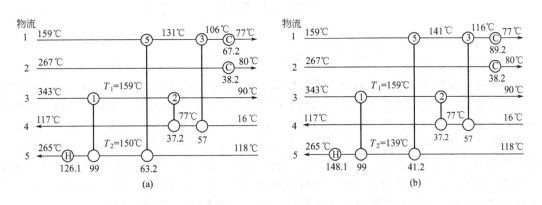

（a）　　　　　　　　　　　　　　　　　　（b）

图 3-16　换热网络调优

此外，也可以通过降低最小传热温差来实现过程的节能。在实际工程中应选取哪种方案，还要视能量及设备的费用，以及经济效益而定。

3.2　多效精馏及中间换热器

多效精馏是将精馏塔分成压力不同的多个精馏塔，压力较高塔的塔顶蒸汽向压力较低塔的再沸器供热，同时它自己也被冷凝，其中每一个精馏塔称为一效。这样，在多效精馏中只是第一个塔的塔釜需要加入热量，最后一个塔的塔顶需要冷却介质，而其余各塔不再需要由外界进行供热或冷却，所以它具有非常明显的节能效果。

3.2.1　多效精馏流程

多效精馏的工艺流程按效数可分为两效、三效等；根据加热蒸汽和物料的流向不同，通常分为三大类：并流（从高压塔进料）、逆流（从低压塔进料）和平流（每效均有进料），三种典型多效精馏流程见图 3-17。

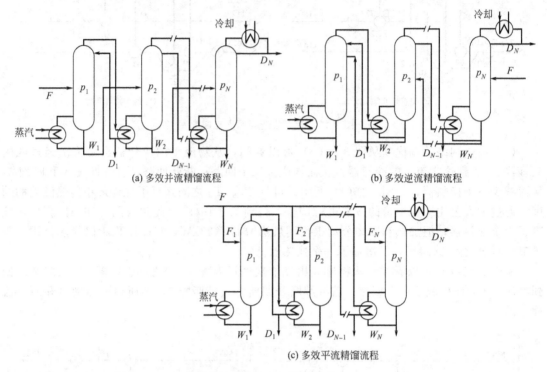

(a) 多效并流精馏流程　　　　　　　　　　(b) 多效逆流精馏流程

(c) 多效平流精馏流程

图 3-17　三种典型多效精馏流程（操作压力 $p_1 > p_2 > \cdots > p_N$）

多效并流精馏是工业中最常见的流程模式，如图 3-17(a) 所示，物料和蒸汽的流动方向相同。并流流程的优点是：溶液从压力和温度较高的一效流向压力和温度较低的塔，这样溶液在效间的输送可以充分利用效间的压差作为推动力，而不需要泵。同时，当前一效溶液流入温度和压力较低的后一效时，溶液会自动蒸发，可以产生更多的二次蒸汽。此外，此种流程操作简单，工艺条件稳定。但其缺点是：随着溶液从前一效逐渐流向后面各效，其浓度逐渐增高，但是其操作温度反而降低，导致溶液的黏度增大，总传热系数逐效下降。因此，对于随组成浓度增大其溶液黏度变化很大的溶液不宜采用多效并流精馏流程。

多效逆流精馏流程如图 3-17(b) 所示，物料和加热蒸汽的流动方向相反，物料从最后一效进入，用泵依次送往前一效，由第一效排出；而加热蒸汽由第一效进入。逆流流程的主要优点是：溶液的浓度越大时精馏塔的操作温度也越高，因此因组成浓度增大使黏度增大的影响大致与因温度升高使黏度降低的影响大致相抵消，故各效的传热系数也大致相同。缺点是：溶液在效间的流动是由低压塔向高压塔，由低温流向高温，因此必须用泵输送，动力消耗较大。此外，各效进料均低于沸点，没有自蒸发，与并流精馏流程对比，各效产生的二次蒸汽较少。一般来说，多效逆流精馏流程适用于黏度随温度和组成变化较大的溶液，但不适用于热敏性物料的分离。

多效平流精馏流程如图 3-17(c) 所示，原料液平行加入各效，分离后溶液也分别由各效排出。蒸汽由第一效流向末效，二次蒸汽多次利用。此种流程适用于处理精馏过程中有结晶析出的溶液，如某些无机盐溶液的精馏分离，过程中析出结晶而不便于效间的输送，则可以采用多效平流精馏流程。

3.2.2　多效精馏的节能效果和效数

多效精馏节能效果显著已为实践所明。据日本服部慎二介绍，甲基异丁酮-水-苯酚的精馏分离，采用一般精馏，再沸器用煤热锅炉供热；采用双效精馏时，高沸塔的再沸器用290℃的热油加热，并且用塔顶蒸汽加热低沸塔，使过程的能耗节省73%。

一般来说，多效精馏的节能效果是以其效数来决定的。从理论上讲，与单塔相比由双塔组成的双效精馏的节能效果为50%，而三效精馏的节能效果为67%，四效精馏效果为75%，由此类推，对于 N 效精馏，其节能效果为

$$\eta = \frac{N-1}{N} \times 100\% \tag{3-13}$$

式中，η 为节能效果。

由此可以看到同样增加一个塔，从单塔到双效精馏的节能效果可达50%，而从三效精馏到四效精馏的节能效果仅增加了8%，所以在采用多效精馏节能时，要考虑到节省的能量与增加的设备投资间的关系。在效数达到一定程度后，再增加效数时节能效果已不太明显。

需要说明的是，上述的节能效果为理论值，在实际应用时则要低于理论值。由于多数精馏的工艺条件发生了变化，故在实际应用中，应当遵循以下几个原则：

① 塔的操作温度、压力均不能高到临界温度、临界压力；

② 第1效精馏塔（压力、温度最高）塔底温度不能超过热源的温度，许多工厂的锅炉蒸汽温度即为其极限温度；

③ 最后一效塔顶温度必须高于冷却介质温度，若采用冷却水冷凝，则其温度就是最后一效塔顶温度的极限值；

④ 对热敏物质，第1效的温度不能高到其热分解温度；

⑤ 前一效塔顶蒸汽与后一效塔釜液间必须有温差，以实现热量传递。

随着多效精馏效数的增大，温度差损失加大，甚至有些溶液的精馏由于过程的温度差损失太大而导致精馏无法进行，因此多效精馏的效数是有一定限制的。

随着效数的增加，加热蒸汽的消耗量减少，操作费用降低，但同时设备投资费增大。同时效数的增加又使得传热温差减小，传热面积增大，故换热器的投资费也增大。因此，效数应在全面权衡节能效果和经济效益的基础上来确定，通常多采用双效精馏，个别流程采用三效，但效数基本很少超过三。

3.2.3　多效精馏应用实例——甲醇-水分离

以甲醇和水混合物的分离为例，来说明多效精馏的节能情况，利用 Aspen plus 过程模拟软件对精馏过程进行模拟。

3.2.3.1　普通精馏流程

首先模拟单塔分离甲醇-水工艺流程，用于和多效精馏流程进行对比。单塔精馏流程如图 3-18 所示，模拟已知数据，进料流量为 1000kg·h^{-1}，进料组成为甲醇80%（质量分数）、水 20%（质量分数），进料温度20℃；分离要求：甲醇纯度99.5%（质量分

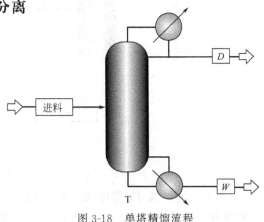

图 3-18　单塔精馏流程

数），甲醇的回收率 99%。通过物料衡算得塔顶采出量 $D = 796\text{kg} \cdot \text{h}^{-1}$，$W = 204\text{kg} \cdot \text{h}^{-1}$，$x_W = 0.039$。

（1）最小回流比 R_{min} 和最少理论板数 N_{min}　在 Aspen 中选择简捷算法的 DSTWU 模块，热力学方法选择 Wilson-RK 模型，通过模拟得到达到分离要求所需最小回流比 $R_{min} = 0.42$，最少理论板数 $N_{min} = 7.2$。

（2）最佳进料位置的确定　实际精馏过程中回流比取 $R = 1$，理论板数取 $N = 15$（包括冷凝器和再沸器）。为了精确进行计算选用 RADFRAC 模块，其中热力学方法仍为 Wilson-RK 模型。通过灵敏度分析，得塔顶甲醇组成随进料位置的变化，如图 3-19 所示，可见第 10 块板（从塔顶开始编号）为最佳进料位置。

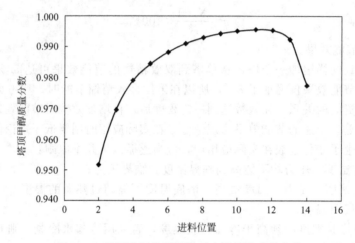

图 3-19　不同进料位置时塔顶产品甲醇质量分数

（3）模拟结果　通过计算得塔顶冷凝器温度为 64.6℃，冷凝器热负荷为 488kW；塔釜再沸器温度为 96.8℃，再沸器热负荷为 543kW。

3.2.3.2　顺流双效精馏流程

顺流双效精馏流程如图 3-20 所示，为使一效向二效精馏塔提供加热量，从操作压力的组合看可以有四种设计方案：高压-常压、高压-减压、常压-减压及减压-减压塔流程，为计算方便，选择常压-减压塔流程。

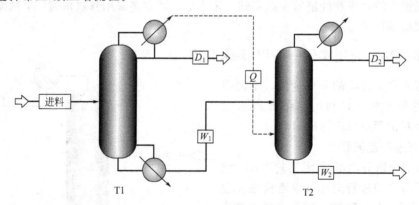

图 3-20　顺流双效精馏流程

T1 为常压塔，则 T1 塔顶压力为 101kPa，甲醇质量分数为 0.995，温度为 64.6℃。根据物料衡算可得 $D_1 + D_2 = 796\text{kg} \cdot \text{h}^{-1}$，T2 塔釜物流 W_2 中甲醇质量分数为 0.039。

为使热量顺流从 T1 传到 T2 塔釜，则 T2 塔釜温度不能超过 64.6℃（本应用中不考虑传热温差，近似认为减压塔塔釜温度为 64.6℃），经计算，甲醇-水混合物在甲醇质量分数为 0.039、温度为 64.6℃ 的饱和气体的压力为 25.1kPa，不考虑塔压降，则 T2 的全塔操作压力为 25.1kPa。

T1 和 T2 均为 15 块理论板，进料位置为第 10 块板，回流比分别为 1 和 0.8。经试差计算得 T1 塔顶采出量为 380kg·h^{-1}，T2 塔顶采出量为 416kg·h^{-1}。通过计算得 T1 塔釜再沸器温度为 72.2℃，再沸器热负荷为 284kW，与单塔流程相比可以节能 47.7%；T2 塔釜冷凝器温度为 33℃，冷凝器热负荷为 242kW，与单塔流程相比可以节能 50%。

但实际过程中，会有换热温差的影响，节能效率会变小。

3.2.4　精馏塔中间换热器

在普通精馏塔塔中，提供塔内汽相源的所有热量均来自塔釜再沸器，提供塔内液相源的所有冷量均来自塔顶冷凝器。如果在塔内增设中间换热器（中间再沸器或中间冷凝器），就相当于将塔釜再沸器的一部分热量和塔顶冷凝器的一部分冷量分别由中间再沸器和中间冷凝器来提供。当采用中间换热器时，外界提供给体系的能量数量并没有变化，但是能量的质量部分降低，也就是说减少了能量㶲，从而节省能耗。判断是否实现节能，并不是比较能量的数量大小，而是比较能量的㶲是否降低。对于热量㶲（当体系温度高于环境温度时），温度越高，热量㶲值越大；对于冷量㶲（当体系温度低于环境温度时），温度越低，冷量㶲值越大。

图 3-21 给出了加入中间换热器前后表征精馏塔能量特性的温焓图（$T\text{-}H$ 图），以此来说明精馏塔消耗能量的数量和质量的变化。由于精馏塔的温度一般从塔釜到塔顶逐渐降低，因此中间再沸器的热源温度低于塔底再沸器的热源温度。在其他操作条件（如回流比、产品采出量等）不变的情况下，能量数量不变，但能量质量部分降低。使用中间换热器的条件主要是有无可供匹配的冷源或热源，以降低能量㶲损失。如果使用与塔顶冷凝器和塔釜再沸器相同的冷源或热源，就没有任何节能效果，而且还浪费了投资。

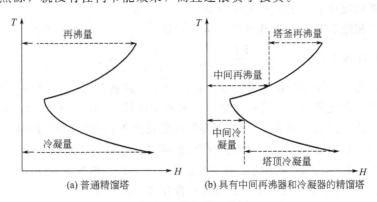

图 3-21　精馏塔温焓图

首先定义物料热状态参数 q：

$$q = \frac{H - h_t}{H - h} \tag{3-14}$$

式中，H 为该物质饱和蒸气的焓；h 为饱和液体的焓；h_t 为物质 t 的焓。

物料热状态参数 q 表示 1kmol 物质变成饱和蒸气所需的热与物质摩尔汽化热之比。可见：

$q<0$，为过热蒸气；

$q=0$，为饱和蒸气；

$0<q<1$，为气液两相混合物；

$q=1$，为饱和液体；

$q>1$，为过冷液体。

接下来以带一个中间再沸器和一个中间冷凝器的精馏塔（称为二级再沸、二级冷凝精馏塔）为例，来说明其操作方程的变化，图 3-22 为普通精馏塔和二级再沸、二级冷凝精馏塔。假设进料 F 为泡点进料，即 $q=1$。

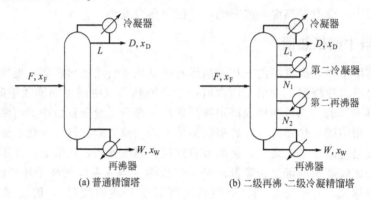

图 3-22　精馏塔

普通精馏塔分为精馏段和提馏段两部分。

精馏段：液相流量 $L=RD$（R 为回流比）

气相流量 $V=L+D=(R+1)D$

操作线方程为 $y_{i+1}=\dfrac{R}{R+1}x_i+\dfrac{x_D}{R+1}$

提馏段：液相流量 $L'=L+F=RD+F$

气相流量 $V'=L'-W=V=(R+1)D$

操作线方程为 $y_{i+1}=\dfrac{RD+F}{(R+1)D}x_i-\dfrac{F-D}{(R+1)D}x_W$

对于二级再沸、二级冷凝精馏塔，分为精馏段Ⅰ（进料和第二冷凝器中间段）、Ⅱ（第二冷凝器以上段）和提馏段Ⅰ（进料和第二再沸器中间段）、Ⅱ（第二再沸器以下段）四部分。塔顶为全凝器，回流量为 L_1。第二冷凝器冷凝量为 N_1，假设第二冷凝器采出物流为饱和蒸气（$q_1=0$），组成记为 $y_{二冷}$，回流为饱和液体（$q_2=1$），组成为 $x_{二冷}$。第二冷凝器冷凝量为 N_2，假设第二再沸器采出物流为饱和液体（$q_1=1$），组成记为 $x_{二热}$，回流为饱和蒸气（$q_2=0$），组成为 $y_{二热}$，则各段汽液负荷及操作线方程如下。

精馏段Ⅰ：液相流量 $L=RD$ [R 为回流比，$R=L/D=(L_1+N_1)/D$]；

气相流量 $V=L+D=(R+1)D$；

操作线方程为 $y_{i+1}=\dfrac{R}{R+1}x_i+\dfrac{x_D}{R+1}$；

此段操作线方程与普通精馏塔精馏段操作线方程相同。

精馏段Ⅱ：液相流量 $L_Ⅱ=L-N_1=RD-N_1$；

气相流量 $V_Ⅱ=L_Ⅱ+D=(R+1)D-N_1$；

操作线方程为 $y_{i+1} = \dfrac{RD - N_1}{(R+1)D - N_1} x_i + \dfrac{Dx_D}{(R+1)D - N_1}$；

可见此精馏段操作线方程斜率 $\left[1 - \dfrac{1}{(R+1) - N_1/D} \right]$ 小于精馏段 I 的斜率 $\left(1 - \dfrac{1}{R+1} \right)$，且两段操作线延长线相交于点 (x_D, x_D)。

提馏段 I：液相流量 $L' = L + F = RD + F$；

气相流量 $V' = L' - W = V = (R+1)D$；

操作线方程为 $y_{i+1} = \dfrac{RD + F}{(R+1)D} x_i - \dfrac{Wx_W}{(R+1)D}$；

此段操作线方程与普通精馏塔提馏段操作线方程相同。

提馏段 II：液相流量 $L'_{II} = L' - N_2 = RD + F - N_2$；

气相流量 $V'_{II} = L'_{II} - W = (R+1)D - N_2$；

操作线方程为 $y_{i+1} = \dfrac{RD + F - N_2}{(R+1)D - N_2} x_i - \dfrac{Wx_W}{(R+1)D - N_2}$；

可见此提馏段操作线方程斜率 $\left[1 + \dfrac{W}{(R+1) - N_2/D} \right]$ 大于提馏段 I 的斜率 $\left(1 + \dfrac{W}{(R+1)D} \right)$，且两段操作线延长线相交于点 (x_W, x_W)。

图 3-23 为具有二级再沸、二级冷凝精馏塔的 x-y 图，其中操作线虚线部分为普通精馏塔的操作线。与不增设中间换热器的普通精馏塔相比，精馏段 II 和提馏段 II 的操作线更靠近平衡线，精馏过程㶲损失减少，但达到同样的分离要求 $(x_D$ 和 $x_W)$ 所需的理论板数将增加。也就是说，如果理论板数给定，x_D 下降，x_W 增大，即分离效果就变差，可见节能是以降低分离效果为代价。但如果理论板数足够多，x_D 和 x_W 变化不明显，就可以不考虑增置中间换热器对分离效果的影响。

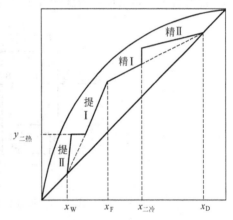

图 3-23 具有二级再沸、二级冷凝
精馏塔的 x-y 图

同时增设中间换热器也要受到其他条件的限制。增设的中间再沸器要有不同温度的热源，而增设中间冷凝器要求中间回收的热能有适当的用户，或用冷却水冷却，以减少塔顶需要的制冷量负荷。如果中间再沸器与塔釜再沸器使用同样的热源，中间冷凝器与塔顶使用同样的冷源，则这种带有中间换热器的精馏塔毫无意义，没有任何节能效果，反而增加了设备投资。

增设中间换热器的节能方式在大型石油化工装置应用较多。例如，典型的乙烯裂解装置深冷法分离裂解气中，由于低温操作，耗冷量很大。增设中间再沸器和中间冷凝器可提高有效能的利用率，实现能量的回收和利用，达到节能降耗的目的。

3.3 热偶精馏

在单个精馏塔中，靠冷凝器和再沸器分别提供液相和气相回流，但在多个精馏塔设计时，设想如果能从某个塔引出一股液相物流直接作为另一个精馏塔的塔顶回流，或是引出一股气相物流直接作为另一精馏塔的塔釜气相回流，则在这些塔中可以省略冷凝器或再沸器，从而实现热量的偶合。热偶合精馏（thermally coupled distillation，TCD）就是这样一种流程结构，它是一种新型的节能精馏方式，以主塔和副塔组成的复杂塔系代替常规精馏塔序列，在热力学上是最理想的系统结构，可同时节省设备投资与能耗，但是这种精馏方式在设计计算和生产操作上还是比较困难。

3.3.1　热偶精馏流程

现以一个 A、B、C、D 四种组分混合物的分离过程为例（挥发性大小顺序 A＞B＞C＞D）来说明热偶精馏流程的演变过程，如图 3-24 所示。

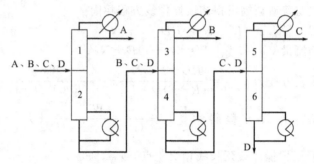

图 3-24　四组分分离顺序流程

首先通过气相反馈（用虚线表示）进行过程耦合，如图 3-25 所示。

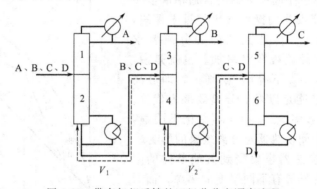

图 3-25　带有气相反馈的四组分分离顺序流程

第二步，省去前两个塔的再沸器，再将精馏段与提馏段分开，形成了三个塔的热偶精馏，如图 3-26 所示。

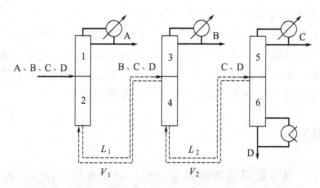

图 3-26　带有一个再沸器的四组分分离热偶精馏流程

第三步，将所有提馏段合并，形成一个提馏塔，但保留原有的精馏段，如图 3-27 所示。

如果将图 3-27 中右边两个塔合并，就形成了只有两个塔的四组分分离精馏流程，如图 3-28所示。

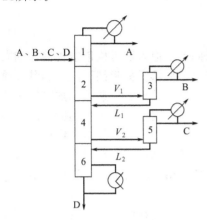

图 3-27　提馏段合并的四组分
分离热偶精馏流程

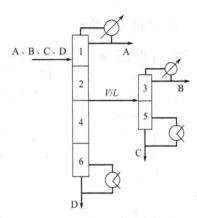

图 3-28　两个塔的四组分
分离精馏流程

类似图 3-28 的多组分、多产品的热偶精馏方式如果推广应用到原油常减压蒸馏上，形成带有多个深拔段的新型常减压蒸馏流程，在常压拔出率较传统流程提高 0.9% 的情况下，常压炉就可节能 18.3%，在节能、扩产和提高产品质量等方面将取得良好的效果。

热偶精馏的一个显著特征是至少在某个精馏塔的一端（塔顶或塔釜）与另一个精馏塔有互逆的气相和液相的物质和能量交换。这样图 3-28 看上去不属于热偶精馏，但可作为其变形方式。

3.3.2　热偶精馏流程的适用范围

热偶精馏流程并不适用于所有化工分离过程，它的应用有一定的限制，这是因为，虽然此类塔从热力学角度来看具有最理想的系统结构，但它主要是通过对输入精馏塔的热量的"重复利用"而实现的，当再沸器所提供的热量非常大或冷凝器需将物料冷却至很低温度时，此工艺会受到很大限制。此外，热偶精馏流程对所分离物系的纯度、进料组成、相对挥发度及塔的操作压力都有一定的要求。

（1）产品纯度　热偶精馏流程所采出的中间产品的纯度比一般精馏塔侧线出料达到的纯度更大，因此，当希望得到高纯度的中间产品时，可考虑使用热偶精馏流程。如果对中间产品的纯度要求不高，则直接使用一般精馏塔侧线采出即可。

（2）进料组成　若分离 A、B 和 C 3 个组分，且相对挥发度依次递增时，采用该类塔型时，进料混合物中组分 B 的量应最多，而组分 A 和 C 在量上应相当。

（3）相对挥发度　当组分 B 是进料中的主要组分时，只有当组分 A 的相对挥发度和组分 B 的相对挥发度的比值与组分 B 的相对挥发度和组分 C 的相对挥发度的比值相当时，采用热偶精馏具有的节能优势最明显。如果组分 A 和组分 B（与组分 B 和组分 C 相比）非常容易分离时，从节能角度来看就不如使用常规的两塔流程了。

（4）塔的操作压力　整个分离过程的压力不能改变。当需要改变压力时，则只能使用常规的双塔流程。

3.4　热泵精馏

3.4.1　热泵的工作原理

作为自然界的现象，热量也总是从高温区流向低温区。但人们可以创造机器，如同把水从低处提升到高处而采用水泵那样，采用热泵可以把热量从低温抽吸到高温。热泵实质上是一种热量提升装置，热泵的作用是从周围环境中吸取热量，并把它传递给被加热的对象，其工作原理与制冷机相同，都是按照逆卡诺循环工作的，所不同的只是工作温度范围不一样。

热泵精馏（refined distillation with heat pump）利用工作介质吸收精馏塔顶蒸气的相变热，通过热泵对工作介质进行压缩，升压升温，使其能质得到提高，然后作为再沸器的加热热源，从而既节省了精馏塔再沸器的加热热源，又降低了精馏塔塔顶冷凝器热负荷，达到了节能目的。

热泵在工作时，它本身消耗一部分能量，把环境介质中储存的能量加以挖掘，通过传热工质循环系统提高温度进行利用，而整个热泵装置所消耗的功仅为输出功中的一小部分，因此，采用热泵技术可以节约大量高品位能源。热泵精馏就是把精馏塔塔顶蒸气加压升温，使其用作塔底再沸器的热源，回收塔顶蒸气的冷凝潜热。

3.4.2　热泵精馏流程

根据热泵所消耗的外界能量不同，热泵精馏可分为蒸气压缩式和蒸气喷射式两种类型。

3.4.2.1　蒸气压缩式热泵精馏

按照流程的不同，蒸气压缩式热泵精馏又可分为以下几种。

（1）气体直接压缩式热泵精馏　气体直接压缩式热泵精馏是以塔顶气体为工质的热泵，主要由精馏塔、压缩机、再沸器和节流阀等组成，见图 3-29。精馏塔顶气体经压缩机压缩升温后进入塔底再沸器，冷凝放热使釜液再沸，冷凝液经节流阀减压后，一部分作为产品出料，另一部分作为精馏塔顶的回流。

气体直接压缩式热泵精馏的特点是：①所需的载热气介质是现成的；②因为只需要一个热交换器（即再沸器），压缩机的压缩比通常低于单独工质循环式的压缩比；③系统简单，稳定可靠。气体直接压缩式热泵精馏适合应用在塔顶和塔底温度接近，或被分离物质因沸点接近难以分离，必须采用较大回流比，需要消耗大量加热蒸气，或塔顶冷凝物需低温冷却的精馏系统。

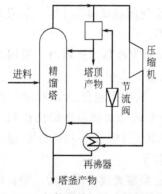

图 3-29　气体直接压缩式热泵精馏

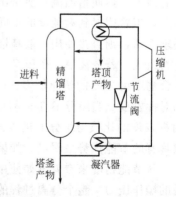

图 3-30　单独工质循环式热泵精馏

（2）单独工质循环式热泵精馏　当塔顶气体具有腐蚀性或塔顶气体为热敏性产品或塔顶产品不宜压缩时，可以采用单独工质循环式热泵精馏，见图 3-30，它主要由精馏塔、压缩机、蒸发器、凝汽器及节流阀等组成。这种流程利用单独封闭循环的工质工作：高压气态工质在凝汽器（即精馏塔的再沸器）中冷凝放热后经节流阀减压降温，进入塔顶蒸发器（即精馏塔的冷凝器）中吸热蒸发，形成低压气态工质返回压缩机压缩，进行再循环。

单独工质循环式热泵精馏的特点是：①塔中要分离的产品与工质完全隔离；②可使用标准精馏系统，易于设计和控制；③与塔顶气体直接压缩式相比较，多一个热交换器（即蒸发器），压缩机需要克服较高的温差和压力差，因此，其效率较低。

考虑到工质的化学稳定性，单独工质循环式热泵精馏应用的温度范围限制在大约 130℃左右，而许多有机产品的精馏塔却在较高的温度下操作。与普通制冷剂相比，水的化学和热稳定性好，泄漏时对人和臭氧层无负效应，价格便宜，而且具有极好的传热特性，在热交换中所需的换热面积较小，特别适合精馏塔底温度较高的精馏系统。

（3）分割式热泵精馏　分割式热泵精馏如图 3-31 所示，主要组成部分：上塔、压缩机、上塔蒸发器、下塔、下塔再沸器。分割式热泵精馏有上、下两塔，上塔类似于直接式热泵精馏，只不过多了一个进料口；下塔则类似于常规精馏的提馏段即蒸出塔，进料来自上塔的釜液，蒸气出料则进入上塔塔底，分割式热泵精馏的节能效果明显，投资费用适中，控制简单。

分割式热泵精馏的特点是可通过控制分割点浓度（即下塔进料浓度）来调节上塔的温差，从而选择合适的压缩机，在实际设计时，分割点浓度的优化是很必要的。分割式热泵精馏适用于分离体系物的相图存在恒浓区和恒稀区的大温差精馏，如乙醇水溶液、异丙醇水溶液等。

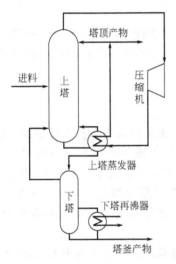

图 3-31　分割式热泵精馏

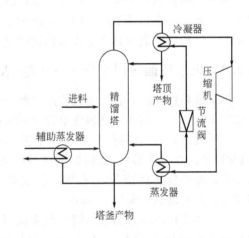

图 3-32　间接式热泵精馏

（4）闪蒸精馏　闪蒸精馏是热泵的一种变形，它直接以塔釜出料为冷剂，经节流后送至塔顶换热，吸收热量蒸发为气体，再经压缩升温后，返回塔釜。塔顶蒸气则在换热过程中放出热量凝成液体。从精馏过程的角度看，可理解为再沸器和塔顶冷凝器为一个设备。从制冷角度看，则可理解为节省了塔釜再沸器，将间接换热改成了直接换热。其流程与塔顶气体直接压缩式相似，它也比间接式少一个换热器，适用场合也基本相同。不过，闪蒸精馏在塔压高时有利，而塔顶气体直接压缩式在塔压低时更有利。

（5）间接式热泵精馏　间接式热泵精馏如图 3-32 所示，主要部分组成：精馏塔、压缩机、蒸发器、辅助蒸发器、冷凝器、节流阀。在闭循环中，循环工质在冷凝器中吸收塔顶产品的冷凝热而自身汽化，经过压缩机压缩后，把它升高到一个较高的压力和温位，之后在塔底蒸发器中该工质冷凝，把它的热量传递给塔底物流使其汽化。由此，工质经过节流阀进入冷凝器进行再循环，从中可以看到，这充分利用了精馏系统本身凝结所放出的热量。

间接式热泵精馏的特点是：①塔中的待分离产品与工质完全隔离；②可使用标准精馏系统，易设计和控制；③与塔顶直接蒸气式压缩相比较，多一个热交换器，这就意味着压缩机需要克服较高的温差和压力差。因此，其效率较低。

间接式热泵精馏的适用范围是热敏产品、腐蚀性介质或塔顶产品不宜压缩的精馏系统。考虑到工质的化学稳定性，间接式热泵精馏应用的温度范围限制在大约130℃左右，而许多有机产品的塔却是在较高的温度下操作。与普通制冷剂相比，水作为高温工质却有许多便利。水有高度的化学和热稳定性（排出温度可达246℃），工程设计时物性数据丰富，泄漏时对人、环境和臭氧层无负效应，而且极便宜。几乎无任何代价，最重要的一点是水有极好的传热特性，在热交换中所需的换热面积较小，它特适合塔底温度较高的精馏系统。

3.4.2.2 蒸气喷射式热泵精馏

蒸气喷射式热泵是提高低压蒸气压力的专门设备，其原理是借助高压蒸气（驱动蒸气）喷射产生的高速气流使低压蒸气或凝结水闪蒸气压力和温度提高，而高压蒸气的压力和温度降低，从而将低压蒸气的压力和温度提高到工艺指标，从而达到节能的目的。

采用蒸气喷射方式的热泵精馏具有如下优点：①新增设备只有蒸气喷射泵，结构简单、设备费低；②蒸气喷射泵没有转动部件，容易维修，而且维修费低；③吸入蒸气量偏离设计点时发生喘振和阻流现象，和蒸气压缩机相同，但由于没有转动部件，就没有设备损坏的危险。

蒸气喷射式热泵精馏如果在大压缩比或高真空度条件下操作，蒸气喷射泵的驱动蒸气量增大，再循环效率显著下降。因此，这种方式的热泵精馏适用于：①精馏塔塔底和塔顶的压差不大；②减压精馏的真空度比较低的情况。

3.4.3 热泵精馏应用实例——甲醇-水分离

同多效精馏一样，在此继续选用甲醇-水混合物的分离来说明热泵技术在精馏中的应用。基础数据与3.2.3相同，进料流量为1000kg·h^{-1}，进料组成为甲醇80%（质量分数）、水20%（质量分数），进料温度20℃。采用Aspen模拟计算，回流比$R=1$，理论板数$N=15$（包括冷凝器和再沸器），得到如下结果：塔顶产品甲醇质量分数为0.995，冷凝器温度为64.6℃，冷凝器热负荷为488kW；塔釜采出甲醇的质量分数为0.038，再沸器的温度为96.8℃，再沸器热负荷为543kW。

以气体直接压缩式热泵精馏为例来说明热泵技术的节能效果，分离甲醇-水的流程可采用图3-29所示的流程，选用Aspen对其进行模拟调试，分离甲醇-水模拟流程图如图3-33所示，与图3-29相比多了一个辅助冷却器（HEATER2），其作用是将与塔釜液换热后的塔顶物流冷却至塔顶温度。

气体直接压缩式热泵精馏过程的关键是确定压缩机（COMPR）的出口压力，进而得到压缩机和辅助冷却器（HEATER2）的能耗。根据普通精馏塔模拟结果知精馏塔塔顶温度为64.7℃，在模拟中设辅助冷却器出口温度为65℃，且无压力损失；压缩机（COMPR）为等熵压缩机；节流阀为等温节流，且压力出口为1atm，塔顶采出量、回流比等其他条件均与普通精馏塔相同。经调试得到压缩机出口压力为6atm，压缩机功率为110.5kW，辅助冷却器负荷为55.2kW，产品质量与普通精馏相同，但能耗大大降低。气体直接压缩式热泵精馏计算结果如表3-4所示。

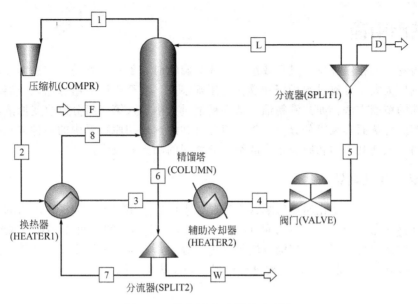

图 3-33　分离甲醇-水模拟流程图

表 3-4　气体直接压缩式热泵精馏计算结果

物流	F	D	W	L	LL	V	VV
温度/℃	20	64.7	96.7	64.7	96.7	64.8	99.6
压力/atm	1	1	1	1	1	1	1
质量流量/(kg·h⁻¹)	1000.8	795.6	205.2	795.6	1076.4	1591.2	871.2
CH_4O(质量分数)	0.8	0.996	0.035	0.996	0.035	0.996	0.035

物流	1	2	3	5	6	7	8	9
温度/℃	220.4	99.8	20	96.4	64.7	96.7	65	64.7
压力/atm	6	6	1	1	1	1	6	1
质量流量/(kg·h⁻¹)	1591.2	1591.2	1000.8	205.2	795.6	871.2	1591.2	1591.2
CH_4O(质量分数)	0.996	0.996	0.8	0.038	0.995	0.035	0.996	0.996

3.4.4　热泵技术应用需注意的几个问题

热泵技术以其高效节能的特性，得到了普遍应用，但并非任何条件下都适宜采用热泵技术，应从以下几个方面进行可行性判断。

① 是否存在优质的热源，通常热源应温度较高，稳定量大，与热泵设置点距离较近，且不具有腐蚀性，不易结垢，对设备磨损较小；

② 是否有合适的用热需求，应根据所采用的热泵类型，确定合适的供热温度，使热泵系统经济性较好；

③ 运行成本是否低，由于供热方式的改变，相应增加了其他消耗，应探讨是否具有经济效益。一般热泵节能率达 30% 以上时，才能比锅炉供热成本低；

④ 还应当注意采用热泵技术后，是否对原系统产生其他影响，如意外故障的应变性、负荷变化时的适应性，以及系统整体的热量平衡等。

3.5 共沸精馏

当分离物系的相对挥发度过低或组分形成共沸物时，采用一般精馏方法需要的理论板数太多，回流比太大，分离过程投资和操作费用都很高，甚至不能对组分加以分离。此时，可以采用特殊的精馏方法，如共沸精馏，即在精馏过程中加入第三组分以改变原溶液中各组分间的相对挥发度从而实现组分分离，第三组分（共沸剂）和原物系中的一种或几种组分形成新的共沸物，该新共沸物和原物系中的纯组分之间的沸点差较大。

3.5.1 变压共沸精馏

一般来说，若压力变化明显影响共沸组成，则可以采用两个不同操作压力的双塔流程实现二元混合物的完全分离，以甲乙酮（MEK）和水（H$_2$O）的分离为例加以说明。由于甲乙酮与水形成共沸物，用一般精馏方法很难进行分离，本例中采用变压共沸精馏的方法，用过程流程模拟软件 Pro II 对工艺流程进行模拟，如图 3-34 所示。

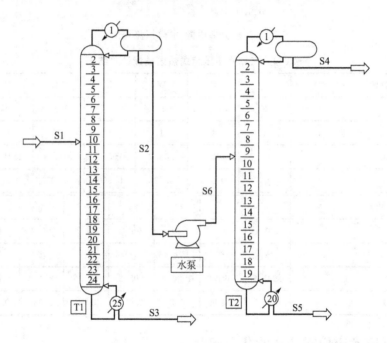

图 3-34 双塔变压共沸精馏分离甲乙酮和水的工艺模拟流程图

设甲乙酮和水的混合物（物流 S1）常温（25℃）、常压进料，其中 MEK 组成为 0.5（摩尔分数），进料位置在常压精馏塔（T1）的第 10 块板（从塔顶往下数），在 T1 塔顶得到 MEK-H$_2$O 共沸混合物（S2），塔底为纯水；然后物流 S2 经水泵进入高压塔（T2），在 T2 塔顶得到不同于 S2 组成的 MEK-H$_2$O 共沸混合物（S4），在塔釜得到纯的 MEK（S5）。物流 S4 可以进入 T1 继续进行分离。通过两个变压的共沸精馏塔，可以得到纯的 MEK（S5）和纯的水（S3）。

在模拟计算流程中，常压精馏塔 T1 共 25 块理论板，塔顶摩尔回流比为 2，操作压力为 1atm；高压精馏塔 T2 共 20 块理论板，塔顶摩尔回流比为 2，操作压力为 7atm，模拟所得的各物流结果列于表 3-5。

表 3-5 物流统计表

物流	S1	S2	S3	S4	S5	S6
温度/℃	25	73.9	100	138.8	155.9	74.2
压力/atm	1	1	1	7	7	7
流量/(kmol·h⁻¹)	100	75	25	55	20	75
MEK 摩尔分数	0.5	0.6667	0	0.5455	1	0.6667
水摩尔分数	0.5	0.3333	1	0.4545	0	0.3333

由计算结果可知，常压下 MEK-H_2O 的共沸组成为 MEK 含量 0.6667（摩尔分数，下同），而当压力为 7 个大气压时，共沸组成为 MEK 含量 0.5455。如果原料中 MEK 含量小于 0.6667（常压下共沸组成），则在常压塔进料，塔釜为纯水，塔顶为共沸物；之后共沸物进入加压塔，可在塔顶得到共沸物，塔釜得到纯 MEK。此过程中，水在常压塔中是难挥发组分，MEK 在加压塔中是难挥发组分。若原料中 MEK 含量大于常压下的共沸组成，则需要选择常压-减压精馏或高压-常压精馏进行分离，此时原料在较高压力塔进料，在高压塔塔釜得到纯 MEK 产品，在较低压力塔塔釜得到纯水。

变压双塔共沸精馏除用于分离甲乙酮-水物系外，还用于分离四氢呋喃-水，甲醇-甲乙酮和甲醇-丙酮等二元物系。

3.5.2 二元非均相共沸精馏

某些二元组分溶液的共沸物是非均相的，在共沸组成下溶液可分为两个具有一定互溶度的液层，此类混合物的分离不必加入共沸剂便可实现二组分的完全分离，得到两个纯组分。以正丁醇和水的分离为例说明此类共沸精馏过程，分离非均相共沸物的流程如图 3-35 所示。正丁醇的正常沸点为 117.7℃，和水形成共沸物，共沸点为 92.7℃，共沸组成为正丁醇57.5%，水 42.5%。正丁醇和水的混合物在分层器中静止，可得到两相：水相（含大量水和少量醇）和油相（含大量正丁醇和少量水），油相作为回流返回丁醇塔进入精馏分离，高纯度的正丁醇从塔釜引出，而塔顶得到正丁醇-水的共沸物，共沸物进入分层器；从分层器出来的水相进入水塔，此时水是重组分，是塔底产品，塔顶得到正丁醇-水共沸物，同样该共沸物进入分层器。水塔的塔底产物是水，故可用直接蒸气加热。

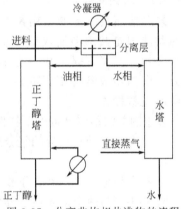

图 3-35 分离非均相共沸物的流程

3.5.3 三组分共沸精馏

如果双组分 A 和 B 的相对挥发度很小，或具有均相共沸点，此时可加入添加剂（又称共沸剂）C 进行共沸精馏，此共沸剂 C 与原溶液中的一个或两个组分形成新的共沸物，该共沸物与纯组分 A（或 B）之间的沸点差较大，从而较容易地通过精馏获得纯 A（或 B）。

以分离乙醇-水共沸物为例，常压下共沸点温度为 78.15℃，共沸物中乙醇摩尔分数为0.894。采用苯作为共沸剂，加入苯之后的溶液形成苯-水-乙醇三组分非均相共沸物。此共沸物的共沸温度为 64.9℃，其摩尔组成为：苯 0.539，水 0.233，乙醇 0.228。共沸精馏采用如图 3-36 所示的三塔操作，原料液和苯进入共沸精馏塔Ⅰ中，塔底产品为近于纯态的乙醇，三元共沸物馏出液从塔顶蒸出。塔顶蒸气冷凝后进入分层器，分成苯相和水相，其中苯相回流进入塔Ⅰ。分层器中水相进入苯回收塔Ⅱ，以回收其中的苯。塔Ⅱ的塔釜产品为稀乙醇水溶液，被送到乙醇回收塔Ⅲ中，塔顶所得的三元共沸物冷却后进入分层器。塔Ⅲ中塔顶产品为乙醇-水共沸物，送回塔Ⅰ作为原料，塔底产品几乎为纯水。在操作中苯是循环使用的。

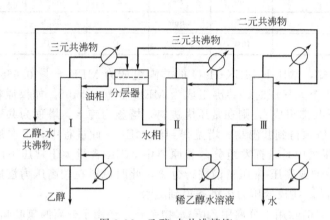

图 3-36　乙醇-水共沸精馏
Ⅰ—共沸精馏塔；Ⅱ—苯回收塔；Ⅲ—乙醇回收塔

3.5.4　共沸剂的选择

3.5.4.1　对共沸剂的要求

共沸精馏共沸剂的作用是与组分形成新的共沸物，以达到分离的目的，因此选择适当的共沸剂是共沸精馏成败的关键。共沸精馏共沸剂至少应与待分离组分之一形成新的共沸物，且最好是形成一最低沸点共沸物，可以有较低的操作温度；在操作温度、压力及塔内组成条件下，共沸剂与待分离组分应是完全互溶的，不致因液相分层而破坏塔的正常操作。

理想的共沸剂应具备以下特性。

① 当分离两沸点相近的组分或一最高沸点共沸物时，所选择的共沸剂应具有下列性质之一：

a. 共沸剂与其中一个组分形成一最低沸点共沸物；

b. 共沸剂与两个待分离组分分别形成两个最低沸点共沸物，且两共沸物的沸点之差足够大；

c. 共沸剂与原料组分形成一三元最低沸点共沸物，其沸点比原二元共沸物沸点低得多，且该三元共沸物中两个待分离组分之比与原料中待分离组分之比有较大差别。

② 当分离最低沸点共沸物时，所选择的共沸剂应具有下列性质之一：

a. 共沸剂与其中一个组分形成一最低沸点共沸物，且沸点比原共沸物沸点低得多；

b. 共沸剂与原料组分形成一三元最低沸点共沸物，其沸点比原二元共沸物沸点低得多，且该三元共沸物中两个待分离组分之比与原料中待分离组分之比有较大差别。

多元共沸体系分离时，对共沸剂的要求基本相同。在石油化工原料的生产中，分离沸点相近的烃时，共沸剂必须与不同类型的烃形成不同沸点的共沸物，或只与其中某类型的烃形成共沸物。

为保证上面提到的温度差足够大，共沸剂的沸点一般应比原料沸点低 10～40℃。

对共沸剂其他方面的要求是：

① 所形成的新共沸物中共沸剂的比例愈小愈好，不仅提高了共沸剂的效率，减少了循环量，也降低了因汽化共沸剂所需的热量及冷凝时所需要的冷剂用量；

② 共沸剂容易分离和回收，这往往是共沸剂是否有工业实际使用价值的重要方面；

③ 共沸剂应有良好的热稳定性、化学稳定性；

④ 共沸剂应具有无腐蚀性、无毒，价廉易得等性质。

Ewell 根据液体间形成氢键的可能性和强弱将全部液体分为五类，从这五种类型出发来筛选分离剂。

① 第Ⅰ类。能够形成三维空间网状结构的强氢键作用的液体，如水、乙二醇、甘油、氨基醇、羟胺、含氧酸、多酚和胺基化合物等。这些是"缔合"液体，具有高介电常数，且是水溶性的。硝基甲烷和乙腈等化合物也形成空间网状氢键，但其作用力相对于包含 OH 和 NH 基团的氢键作用力较弱，故分在第Ⅱ类。

② 第Ⅱ类。分子内包含活泼氢原子和电子供体原子（O、N、F）的液体，如酸、醇、酚、伯胺、仲胺、肟、有 α 氢的硝基化合物、有 α 氢的腈类、氨、氟化氢、肼、氢氰酸等。该类液体的特性同Ⅰ类。

③ 第Ⅲ类。分子中仅含供电子原子（O、N、F），而不含活性氢原子的液体，如醚、酮、醛、酯、叔胺（包括吡啶类）及无 α 氢的硝基化合物和腈类等。

④ 第Ⅳ类。液体分子内有活泼氢原子但无电子供体的液体，分子内三个或两个氯原子共用一个碳原子的，或者一个氯原子与氢共用碳原子及一个或多个氢原子在相邻的碳原子上，如氯仿、二氯甲烷、1,1-二氯乙烷、1,2-二氯乙烷、1,2,3-三氯乙烷、1,1,2-三氯乙烷等。这些液体微溶于水。

⑤ 第Ⅴ类。所有其他液体，即不能生产氢键的化合物，如烃类、二硫化碳、硫化物、硫醇，不属于第Ⅳ类的卤代烃，非金属元素碘、磷、硫等。这些液体基本上不溶于水。

3.5.4.2　共沸剂选择举例

以乙醇-水共沸精馏共沸剂的选择为例。乙醇和水的共沸温度为 78.15℃，共沸物中乙醇摩尔分数为 0.894。用共沸精馏方法脱水，理想的共沸剂应能与水形成共沸物，或形成三元共沸物，且沸点远低于 78.15℃，这样可在精馏塔塔釜得到无水乙醇；若与共沸剂形成三元共沸物，则共沸物中乙醇、水组成之比要远小于原二元共沸物中组成之比；共沸剂的效率要高，每份共沸剂能带出较多的水；为便于回收，常温时共沸剂在水中的溶解度要低，共沸剂和水容易分离。如能满足这些条件，再以其他技术经济条件来全面衡量，最后确定最合适的共沸剂。

根据这些要求，有机物按 Ewell 分类中的第Ⅰ类和第Ⅱ类物质不合适，因为它们与水的溶解度很大。再进一步研究，水属于第Ⅰ类，乙醇属于第Ⅱ类，可与第Ⅲ、Ⅳ和Ⅴ类形成最低沸点共沸物。常用的共沸剂有苯（第Ⅴ类）、环己烷（第Ⅴ类）、戊烷（第Ⅴ类）、氯仿（第Ⅳ类）和乙酸乙酯（第Ⅲ类）等。

3.6　萃取精馏

萃取精馏是化工中重要的特殊精馏分离方法之一，适用于分离沸点相近或形成共沸物的混合物。与共沸（恒沸）精馏相比，由于共沸剂用量大，且需汽化后进入共沸精馏塔塔顶，因此共沸精馏的能耗一般比萃取精馏大，在许多应用场合已被萃取精馏所代替。萃取精馏一方面增加了被分离组分之间的相对挥发度，另一方面带来的缺点是溶剂比大、生产能力低、

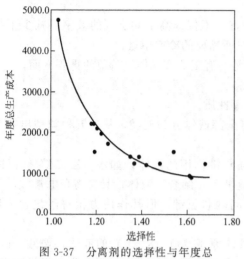

图 3-37　分离剂的选择性与年度总生产成本之间的关系（分离 2-甲基-1-丁烯/异戊二烯）

能耗高。分离剂是萃取精馏的核心。一般地说，分离剂的选择性（或被分离组分之间的相对挥发度）越大，年度总生产成本就越低，如图 3-37 所示。这是因为选择性越大，操作回流比（操作费用）和塔板数（设备费用）可选取较低。相对挥发度（分离因子）α_{ij} 和选择度 S_{ij} 的定义如下：

$$\alpha_{ij} = \frac{\gamma_i P_i^0}{\gamma_j P_j^0} \tag{3-15}$$

$$S_{ij} = \frac{\gamma_i}{\gamma_j} \tag{3-16}$$

式中，γ_i 和 γ_j 分别是组分 i 和组分 j 的活度系数；P_i^0 和 P_j^0 分别是组分 i 和组分 j 的饱和蒸气压。

在萃取精馏中，分离剂、溶剂、萃取剂和夹带剂具有同样的意义。

3.6.1　萃取精馏流程安排

萃取精馏过程一般采用双塔流程，由萃取精馏塔和溶剂回收塔组成。萃取精馏的流程设计非常重要。一个好的萃取精馏工艺流程，不仅能耗可以降低，而且能够充分地发挥设备的潜力，提高生产能力。以工业上炼油厂催化裂化及乙烯裂解装置副产 C_4 馏分的分离为例来说明萃取精馏的流程安排及其优化。

C_4 馏分是指含有四个碳原子的烃类，包括 1,3-丁二烯、正丁烯（1-丁烯、顺-2-丁烯和反-2-丁烯）、异丁烯、正丁烷、异丁烷等。其中用处最多的是 1,3-丁二烯、正丁烯和异丁烯。由于 C_4 馏分的沸点相近，一般采用萃取精馏的方法进行分离。其分离机理是：烷烃没有不饱和键，烯烃有双键，二烯烃有共轭双键，炔烃有三键。所以烷烃分子没有流动的电子云，烯烃分子上的一对电子具有可流动性，二烯烃分子上的两对电子具有更大的流动性，炔烃分子三键上的两对电子具有很大的流动性，因此加入的极性溶剂与它们的吸引力不同。电子的流动性愈大，和极性分子的吸引力也就愈大。因此，极性溶剂对烃类挥发性增加的影响程度是不同的，可以表示为：烷烃＞烯烃＞二烯烃＞炔烃。所以对 C_4 馏分的萃取精馏，丁烷将成为最轻组分，随后是丁烯和丁二烯，炔烃为最重组分，从而能够将它们有效地分开。以乙腈（ACN）为分离剂，按照萃取精馏双塔流程的模式，应该采用（1）萃取精馏塔—（2）溶剂回收塔—（3）萃取精馏塔—（4）溶剂回收塔的常规思路进行分离（如图 3-38 所示）。

上述流程是最早应用和开发的。但是存在的缺点是塔个数多，设备投资大；丁二烯反复汽化和冷凝，能耗较大。在两个萃取精馏塔之间设置的溶剂回收塔，作用是使富含丁二烯的 C_4 组分与萃取剂 ACN 完全分离。但是这并没有必要，因为在二萃塔中仍然需要用到萃取剂，因此可以将这溶剂回收塔去掉，采用（1）萃取精馏塔—（3）萃取精馏塔—（4）溶剂回收塔的流程二进行分离，使流程一得到简化（如图 3-39 所示）。

如果从减少流程二中第二个萃取精馏塔内液相负荷的角度来考虑，可以对流程二继续进行优化，如图 3-40 所示。第一个萃取精馏塔侧线汽相采出进入二萃塔，从而达到减少液相负荷，提高生产能力的目的。

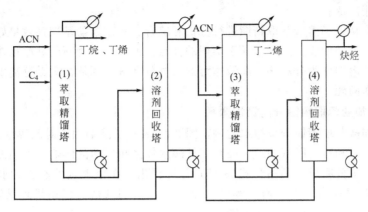

图 3-38　ACN 法 C₄ 抽提工艺流程一

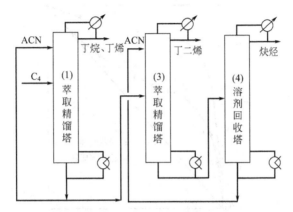

图 3-39　ACN 法 C₄ 抽提工艺流程二

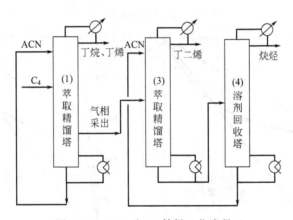

图 3-40　ACN 法 C₄ 抽提工艺流程三

3.6.2　加盐萃取精馏

按分离剂类型，萃取精馏分为两种：溶盐萃取精馏和溶剂萃取精馏。溶盐萃取精馏是以固体盐作为分离剂。由于盐的极性很强，一般能够较大幅度地提高被分离组分之间的相对挥发度。但是由于固体盐的溶解、回收和输送较为困难，以及盐结晶会引起堵塞、腐蚀等问题，因而限制了它在工业上的应用。溶剂萃取精馏是以液体有机或无机溶剂（非离子液体）作为分离剂。因此溶剂萃取精馏的分离剂不存在固体盐带来的结晶、回收和输送等问题，所以在工业上应用广泛。

对溶剂萃取精馏和溶盐萃取精馏进行分析和综合，利用溶盐萃取剂效果好的优点和利用溶剂是液体，可循环回收，工业上易于实现的优点，形成了一种新的萃取精馏方法即加盐萃取精馏。以混合溶剂作为分离剂，即液体溶剂为主分离剂，固体盐为助分离剂，避免了固体盐的回收和输送问题。

3.6.2.1 采用加盐萃取精馏分离极性体系

以乙二醇加盐萃取精馏分离醇水为例，图 3-41 表示了溶剂加盐对乙醇（1）/水（2）、异丙醇（1）/水（2）和叔丁醇（1）/水（2）三种醇水体系相平衡的影响。溶剂加盐提高醇水相对挥发度的效果十分明显，利用公式(3-15)计算得出，在恒沸点处乙醇对水的相对挥发度为 2.56，异丙醇对水为 2.67，叔丁醇对水为 2.68。溶剂加盐的作用机理是溶剂和盐对醇、水分子的双重作用，且作用力大小不同。

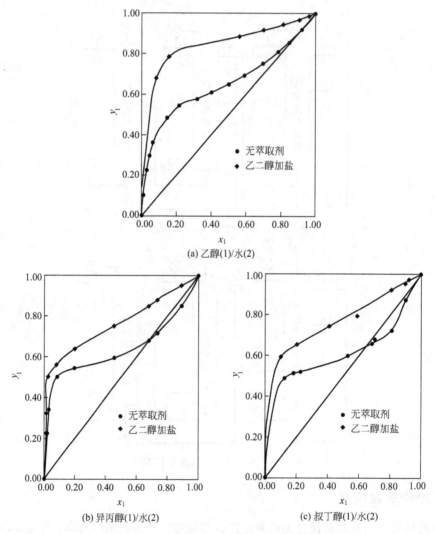

(a) 乙醇(1)/水(2)

(b) 异丙醇(1)/水(2)　　(c) 叔丁醇(1)/水(2)

图 3-41　三种醇水体系在常压下的相平衡

采用乙二醇加盐萃取精馏生产无水乙醇技术在工业上广泛应用。产品无水乙醇达到国内优级品标准。与国外乙二醇萃取精馏的方法对比，加盐后溶剂比降低 4～5 倍，塔高降低 3～4 倍，因而节约了操作费用，减少了设备投资，节能效果也十分明显。

3.6.2.2　采用加盐萃取精馏分离非极性体系

　　对分离非极性体系，以 C_4 馏分的分离为例。分别以乙腈（ACN）和 N,N-二甲基甲酰胺（DMF）为主分离剂，利用气提法实验装置测定 C_4 无限稀释时的相对挥发度，结果发现加入少量的盐（NaSCN 或 KSCN）就能够较大幅度地提高 ACN 和 DMF 的分离能力。如图3-42 和图 3-43 所示，对 DMF 分离剂进行优化，加盐是一个有效的策略，且盐浓度在5%～15% 比较合适。利用中等压力气-液平衡实验装置测定 C_4 在有限浓度时的相对挥发度，结果进一步证实了加盐 DMF 分离 C_4 的效果比单独的 DMF 强，如图 3-44 和图 3-45所示。

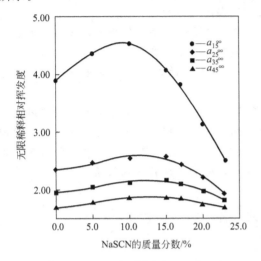

图 3-42　30℃时不同浓度 NaSCN 对
DMF 分离 C_4 相对挥发度的影响

下标：1—正丁烷；2—丁烯；3—反-2-丁烯；
4—顺-2-丁烯；5—1,3-丁二烯

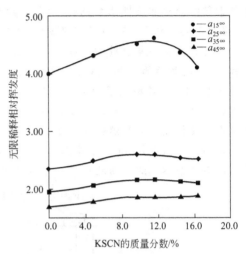

图 3-43　30℃时不同浓度 KSCN 对
DMF 分离 C_4 相对挥发度的影响

下标：1—正丁烷；2—丁烯；3—反-2-丁烯；
4—顺-2-丁烯；5—1,3-丁二烯

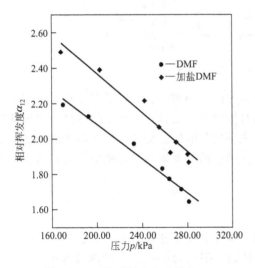

图 3-44　30℃时压力与丁烯/1,3-
丁二烯之间相对挥发度的关系

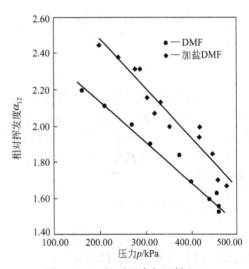

图 3-45　50℃时压力与丁烯/1,3-
丁二烯之间相对挥发度的关系

　　将相平衡模型代入到萃取精馏分离丁烯/丁二烯的数学模型之中，求解精馏塔的 MESH方程（M 是质量平衡方程、E 是相平衡方程、S 是总平衡方程、H 是焓平衡方程），并进行计算对比。结果表明加盐 DMF 相比单独的 DMF，第一萃取精馏系统总冷凝器热负荷、再沸器热负荷和压缩机负荷分别降低 7.53%、9.46% 和 37.0%。

因此，可以将加盐萃取精馏的思想推广到分离非极性体系，而不仅仅限于原有的分离醇水溶液。如果是采用溶剂萃取精馏的方法分离非极性体系，那么溶剂加盐为提高分离能力提供了一条可以借鉴的思路；如果分离除醇水以外的极性体系，可以设想采用溶剂加盐的方式可能仍然是可行的。另外，由于在主分离剂基础上进行加盐优化，易于工业实现。此外，石油化工中有一大类沸点相近的烃的萃取精馏分离，如丁烷-丁烯、丁烯-丁二烯、戊烯-异戊二烯、己烯-正己烷、乙苯-苯乙烯、苯-环己烷、甲基环己烷-甲基正庚烷-甲基己烷等。因此加盐萃取精馏分离非极性体系具有广阔的应用前景和较强的实用性。

【例 3-3】 将含 10% 的异丙醇和水的混合物分离成接近纯的异丙醇和水，采用以加盐的乙二醇为分离剂的萃取精馏。设计一个三塔流程，实现该物系的分离。标注塔顶、塔釜物流名称。[异丙醇的沸点 82.4℃；水的沸点 100℃；异丙醇和水的二元共沸温度 80.3℃，共沸组成含 87.4% 异丙醇（质量分数）]。

解 分离异丙醇和水的三塔流程如图 3-46 所示。第一个塔是普通精馏塔，其作用是将稀醇水溶液提纯到近恒沸组成；第二个塔是萃取精馏塔（从上到下依次由溶剂回收段、精馏段和提馏段所组成），其作用是利用加盐萃取精馏操作使之跨越恒沸组成，塔顶得到异丙醇产品；第三个塔是溶剂回收塔，用于分离萃取剂和水，塔釜出来的萃取剂循环使用。

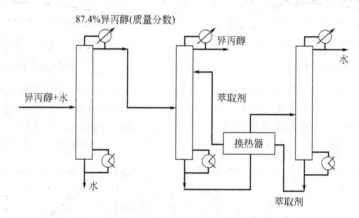

图 3-46 分离异丙醇和水的三塔流程

近年来在开发新的分离技术过程中，各种分离方法之间的结合日益受到重视，对萃取精馏亦如此。例如分离醇水溶液如果采用萃取精馏与恒沸精馏结合，就可以较好地发挥出萃取精馏能耗低、产品纯度高的优点。具体地说，首先利用萃取精馏得到纯度较高的醇溶液，然后经过恒沸精馏制得高纯度的醇产品，这种方法比单独的萃取精馏或恒沸精馏流程从能耗和操作控制难易综合方面都要好。

3.6.3 络合萃取精馏

络合萃取精馏是基于酸和碱的可逆化学作用将待分离组分分离。以工业上常见而重要的醋酸水溶液的分离为例。醋酸和水虽然不形成恒沸物，但两者的相对挥发度接近于 1。对于醋酸-水体系，有机碱能够与醋酸发生可逆的化学反应，它们之间的相互作用较强，而有机碱与水之间的相互作用力较弱，因此有机碱能够较大幅度地提高醋酸-水的相对挥发度，并且可以设想这种分离能力比普通萃取精馏和加盐萃取精馏要强。同时络合萃取精馏的思想还可以进一步地推广到其他的石化行业的酸-水和碱-水体系，因此在方法论上具有普遍的意义。

络合萃取精馏制取醋酸的技术路线是选择一种络合萃取剂,采用与一般的萃取精馏双塔流程相同的工艺。因此这种工艺路线转化为生产力的周期较短,可靠性好,具有很强的实用性。

如果选择三正丁胺作为分离水和醋酸的分离剂,根据化学反应的一般知识,预料会发生如下的化学反应。

$$HAc + R_3N \Longleftrightarrow R_3N \cdot HAc \tag{3-17}$$

式中,HAc、R_3N 和 $R_3N \cdot HAc$ 分别代表醋酸、三正丁胺和反应生成的盐。

这个反应是可逆化学反应,因为参与反应的反应物是弱酸(醋酸)和弱碱(三正丁胺)。也就是说,在萃取精馏塔中主要是向正反应方向进行,在溶剂回收塔中主要是向逆反应方向进行。因此,这种分离过程不同于一般的普通萃取精馏,我们称之为络合萃取精馏。应用红外光谱技术对醋酸和三正丁胺的溶液进行解析,如图 3-47 所示。在波数 $1550cm^{-1}$ 到 $1600cm^{-1}$ 范围内出现了一个新峰,属于羧酸盐—COO^- 官能团。这说明醋酸和三正丁胺之间的确存在化学反应,且有一种新盐生成。

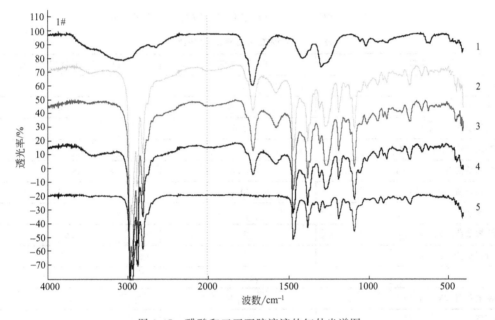

图 3-47　醋酸和三正丁胺溶液的红外光谱图

1—醋酸;2—10%醋酸(质量分数)和90%三正丁胺(质量分数);3—20%醋酸(质量分数)和
80%三正丁胺(质量分数);4—30%醋酸(质量分数)和70%三正丁胺(质量分数);5—三正丁胺

图 3-48 说明不同溶剂比(萃取剂/进料)对水和醋酸气-液平衡的影响。加入萃取剂能够极大地提高水对醋酸的相对挥发度,且随萃取剂用量的提高,效果越明显。原因是萃取剂与醋酸之间的相互作用远远强于萃取剂与水之间的相互作用,因为萃取剂与醋酸之间具有可逆的化学作用。也就是说,在萃取精馏过程中,水在萃取精馏塔作为塔顶产物采出,而醋酸和萃取剂作为塔底产物采出,进入溶剂回收塔进一步分离。

进一步地利用 ProⅡ过程模拟软件,对现行工艺流程(恒沸精馏,以醋酸丁酯为溶剂)和络合萃取精馏工艺流程分别进行了模拟和对比。两种工艺流程的能耗比较见表 3-6。由此可见,与工业上的现行工艺流程相比,络合萃取精馏工艺流程的总再沸器和冷凝器热负荷分别降低了 28.4% 和 42.1%,节能效果十分明显。

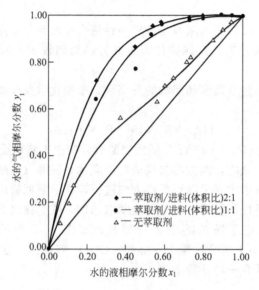

图 3-48 萃取剂三正丁胺对水和醋酸的气-液平衡的影响

表 3-6 两种工艺流程的能耗比较

项目	现行工艺流程	络合萃取精馏工艺流程
醋酸精制塔		
再沸器负荷/($\times 10^6$kJ·s^{-1})	3.49	1.67
冷凝器负荷/($\times 10^6$kJ·s^{-1})	3.68	0.83
恒沸精馏/络合萃取精馏塔		
再沸器负荷/($\times 10^6$kJ·s^{-1})	40.68	28.98
冷凝器负荷/($\times 10^6$kJ·s^{-1})	39.37	22.47
溶剂回收塔		
再沸器负荷/(kJ·s^{-1})	5.17	4.69
冷凝器负荷/(kJ·s^{-1})	4.93	4.50
总计		
再沸器负荷/(kJ·s^{-1})	49.34	35.34
冷凝器负荷/(kJ·s^{-1})	47.98	27.80

3.7 反应精馏

反应精馏（reactive distillation，RD）是指反应和精馏同时在一个设备中进行的过程，进行反应的同时，用精馏的方法对产物进行分离，有关反应精馏的概念是 1921 年由 Basc-chaus 提出的。反应精馏可分为均相反应精馏和非均相反应精馏（即催化精馏）。在反应精馏中，按照反应与精馏的关系可分为两种类型：一种是利用精馏促进反应；另一种是通过反应来促进精馏分离。反应精馏塔是多功能反应器概念在工业上的最重要的应用。

3.7.1 利用反应促进精馏的反应精馏

通过反应精馏可分离近沸点、形成共沸或异构体的混合物，例如 C$_8$ 芳烃、二氯苯混合物、硝化甲苯等异构体。例如分离醇水溶液，反应萃取精馏可以利用的一个可逆反应是：

$$乙二醇＋氢氧化钾 \rightleftharpoons 乙二醇钾＋水$$

乙二醇钾起着"载体"的作用，它与被分离体系中的水发生反应生成乙二醇和氢氧化钾，而在溶剂回收过程中乙二醇又和氢氧化钾生成乙二醇钾和水，相当于乙二醇钾将体系中的水不断载出，而它本身不发生变化，只起着迁移水分的载体作用，吸取了分离技术中利用载体促进转移的思想。从而得到含水很少的乙二醇钾溶液，然后用此溶液作为萃取剂分离有机溶液中的水，生成乙二醇和氢氧化钠，从而除去水。由此原理可以看出该类反应精馏过程中所设计的化学反应应具备三个条件：①反应是可逆的，其中一个组分作为载体可负载所需要除去的物质，并使添加剂可以回收循环使用；②可逆反应生成物之一是沸点较低的物质，以便可以采用精馏的方法不断除去它们，使反应进行完全；③反应萃取剂与被分离组分除了发生上述可逆反应外，无副反应。

又如异构体的分离。反应精馏分离异构体的过程是在双塔中完成的。加入第三组分到塔 1 中，使之选择性地与异构体之一优先发生可逆反应生成难挥发的化合物，不反应的异构体从塔顶馏出。反应添加剂和反应产物从塔釜出料进入塔 2，在该塔中反应产物发生逆反应，通过精馏作用，塔顶采出异构体，塔釜出料为反应添加剂，再循环至塔 1。实现该类反应精馏过程的基本条件是：①反应是快速和可逆的，反应产物仅仅存在于塔内，不污染分离后产品；②添加剂必须选择性地与异构体之一反应；③反应添加剂、异构体和反应产物的沸点之间的关系符合精馏要求。使用有机的钠金属反应添加剂可以实现对二甲苯和间二甲苯的分离，在此过程中钠优先与酸性较强的间二甲苯反应，使对二甲苯从塔顶馏出。

3.7.2　利用精馏促进反应的反应精馏

反应精馏的一个独特优点是利用精馏来促进反应。特别是对于受平衡限制的可逆反应，利用反应精馏可突破平衡限制，使反应向生成产物的方向进行，在一定程度上变可逆为不可逆，大大提高产物的转化率，从而降低单位产品的能耗。醇与酸进行酯化反应就是一个典型的例子。原料醋酸和乙醇按化学反应计量进料，以浓硫酸为催化剂，在塔中进行均相酯化反应精馏过程，如图 3-49 所示。

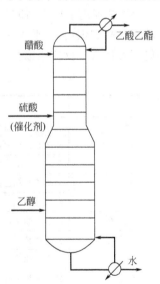

图 3-49　乙酸乙酯反应精馏塔

对于连串反应，反应精馏也具有独特的优越性。连串反应可表示为 A→R→S，按目的产物是 R 还是 S，又可分为两种类型：①S 为目的产物。很多生产，原料首先反应生成中间产物进而得到目的产物，这两步一般反应条件不同，按传统生产工艺，需要分别在两个反应器中进行，有时还需中间产物的分离。采用反应精馏技术可使两步反应在同一塔内完成，同时利用精馏作用提供合适的浓度和温度分布，缩短反应时间，提高收率和产品纯度，如香豆素生产工艺的改进。②R 为目的产物。对于这类反应，利用反应精馏的分离作用，把产物 R 尽快移出反应区，避免副反应的进行是非常有效的。氯丙醇皂化生成环氧丙烷的反应精馏过程是一个典型的应用示例。

综上，均相反应精馏具有如下优点：

① 由于反应和精馏耦合在同一个设备中进行，与传统的先经过一个固定床反应器、后进入一个普通精馏塔相比，节省了反应器、管道、泵等设备费用；

② 如果反应是放热的（事实上在反应精馏应用事例中，多数反应是放热的），反应热可

用于汽化塔内液相，从而降低再沸器热负荷；

③ 反应区的最高温度受限于反应混合物的沸点，能够实现简单、可靠的温度控制。出现类似传统的固定床反应器中热点温度的危害性明显降低；

④ 对于连串反应，由于产物不断地通过精馏作用移走，避免副反应的发生，因而产物的选择性大大提高。

3.7.3 催化精馏

催化精馏（catalytic distillation）是指使用固体催化剂（如分子筛、离子交换树脂等）的气液固三相反应/精馏耦合过程。实质上是非均相反应精馏，即将固体催化剂填充于精馏塔中，既起加速反应的催化作用，又作为填料起分离作用。与均相反应精馏相比，催化精馏还具有的优点有：

① 固体催化剂可填充于精馏塔的反应区，既起加速反应的催化作用，又作为填料起分离作用，不需像液体催化剂那样要从反应混合物中及时分离出来；

② 如果精馏塔的反应区置于进料口的上端，就可避免固体催化剂因进料中含有的金属离子而导致中毒，从而延长催化剂寿命；

③ 用于催化精馏的许多固体催化剂（如分子筛、离子交换树脂等）是环境友好的。这就是催化精馏比均相反应精馏更令人受欢迎的原因。

反应精馏能够节能的原因可归结为：①在反应精馏中多数反应是放热的，利用反应热汽化塔内液相，从而降低再沸器热负荷；②对于受平衡限制的可逆反应，利用反应精馏可提高产物的转化率，从而降低单位产品的能耗。反应精馏不仅能应用于可逆反应，而且也能应用于不可逆反应（如苯与烯烃烷基化）。当应用于不可逆反应时，其优点是利用反应热降低能量费用，以及利用反应和精馏耦合在同一个设备中降低设备费用等。

表 3-7 列出了反应精馏的一些应用实例。其中，在工业上应用最为成功的是合成甲基叔丁基醚（MTBE）。几乎所有的 MTBE 新建装置或旧装置改造都采用反应精馏技术。但是许多研究者认为，反应精馏技术的潜力，特别是催化精馏，将会远远超出目前的应用范围。

表 3-7 反应精馏的应用实例

反应类型	产品合成	催化剂
酯化	醋酸和甲醇合成醋酸甲酯	hom. 和 het.
	醋酸和乙醇合成醋酸乙酯	hom. 和 het.
	醋酸和丁醇合成醋酸丁酯	hom.
酯交换反应	醋酸丁酯和乙醇合成醋酸乙酯	hom.
	碳酸二甲酯和乙醇合成碳酸二乙酯	het.
水解	醋酸甲酯和水生成醋酸和甲醇	het.
醚化	异丁烯和甲醇合成甲基叔丁基醚（MTBE）	het.
	异丁烯和乙醇合成乙基叔丁基醚（ETBE）	het.
	异戊烯和甲醇合成甲基叔戊基醚（TAME）	het.
硝化	氯苯和硝酸合成 4-硝基氯苯	hom.
歧化	三氯硅烷生成甲硅烷	het.
烷基化	苯与乙烯合成乙苯	het.
	苯与丙烯合成异丙苯	het.
	苯与十二烯合成长链烷基苯	het.

注：hom. 表示均相反应精馏；het. 表示催化精馏。

3.7.4 反应精馏过程的特点

以水与混合碳四烃 C_4（含异丁烯）合成燃料叔丁醇（TBA）为例说明催化精馏的过程特点。选取该反应体系的原因是：叔丁醇是一种重要的精细有机化学品，可用于汽油添加剂，以提高汽油的辛烷值，对于替代燃料，叔丁醇使用性能及成本优于现用的乙醇，已成为比较有前途的乙醇燃料替代品。现用的乙醇用粮食发酵方法获取，不适合中国国情及长期发展，而叔丁醇则以廉价的水与含异丁烯的炼厂混合碳四烃为原料反应、分离制得，可以促进我国混合碳四烃资源的有效利用及汽油替代品的发展。现有合成叔丁醇的技术是水与 C_4 混合物中的异丁烯在表面活性剂的助溶下并流经过传统的固定床反应器反应，异丁烯最高转化率为 70%（平衡转化率），未反应的异丁烯作为燃料，因而不是清洁生产工艺。如果采用反应/精馏或反应/萃取耦合过程强化，可突破异丁烯转化的平衡限制，解决叔丁醇工业化生产的瓶颈问题。合成 TBA 工艺流程图如图 3-50 所示。

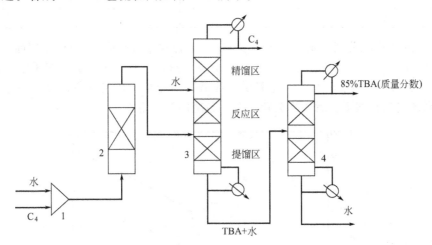

图 3-50 合成 TBA 工艺流程图
1—混合器；2—固定床反应器；3—C_4 精馏塔；4—TBA 精馏塔

原有的生产流程主要由混合器、固定床反应器、C_4 精馏塔（无反应区）和 TBA 精馏塔所组成。如果将 C_4 精馏塔中部区域的普通填料更换为结构化催化填料，作为催化精馏塔的反应区，C_4 精馏塔就成为催化精馏塔，不改变原工艺路线和生产设备。异丁烯（IB）水合反应式如下：

$$IB + H_2O \underset{k_2}{\overset{k_1}{\rightleftharpoons}} TBA \tag{3-18}$$

轻反应组分异丁烯由反应区底部进入，重反应组分水从反应区顶部进入，异丁烯和水在塔内充分逆流接触反应，将生成的 TBA 不断移出，使异丁烯水合反应向正反应方向进行。表 3-8 给出了原流程和改进流程的能耗对比。可以看出，与原流程相比，改进过程中冷凝器的单位产品的热负荷并没有明显的变化。但是，再沸器单位产品的热负荷降低了 4.72%。原因是异丁烯水合是放热反应，且反应热被用于精馏过程；更多的叔丁醇产物使得再沸器单位产品的热负荷降低。

催化精馏的平衡级数学模型包括 MESHR 方程组。与普通精馏塔的平衡级数学模型相比，多了 R 方程（即反应速率方程）。因此，MESHR 方程组具有高度非线性。催化精馏塔的行为在很大程度上取决于模型方程组定态解的个数及其形态，而系统参数的微小变化可能导致解空间结构发生定性（质）的改变，诱发多重定态、持续自激震荡等复杂的非线性动力学现象。多重定态现象是指在相同的塔结构和操作条件下，从不同的初始条件出发可以达到多个不同的操作定态。将定态模拟结果作为初始点，采用延拓方法考察多重定态现象。

表 3-8 原流程和改进流程的能耗对比

热负荷	装置	原流程	改进流程
热负荷/(MJ·h⁻¹)	固定床反应器	768	768
冷凝器热负荷/(MJ·h⁻¹)	C₄ 塔	1461.5	1634.4
	TBA 塔	875	992.4
	总计	2336.5	2626.8
再沸器热负荷/(MJ·h⁻¹)	C₄ 塔	1992.5	2122.3
	TBA 塔	1051.7	1161.6
	总计	3044.2	3283.9
冷凝器单位产品热负荷/(kJ·kg⁻¹)	—	6180	6140
再沸器单位产品热负荷/(kJ·kg⁻¹)	—	8050	7670

图 3-51 和图 3-52 分别表示操作压力 p 和 C_4 混合物进料流量 S_1 对催化精馏塔釜液相中 TBA 的摩尔分数的影响。图 3-51 存在一个三分支多重定态和一个二分支多重定态，而图 3-51 只存在一个二分支多重定态。因此需要设计适当的开车和控制方案，以使在希望的定态下操作的系统受到某些干扰后，不会跃迁至不希望的操作定态。

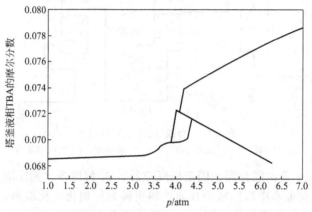

图 3-51 塔釜液相 TBA 的摩尔分数与压力的依赖关系

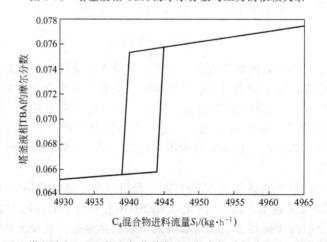

图 3-52 塔釜液相 TBA 的摩尔分数与 C_4 混合物进料流量 S_1 的依赖关系

3.7.5 悬浮床催化精馏

传统催化精馏的固体催化剂以各种形式装填在反应区，催化剂是固定且不流动的，即固定床催化精馏。近年来，在传统催化精馏的基础上，国内外已经有一些关于悬浮床催化精馏研究的报道。其中，石油化工科学研究院闵恩泽院士等人较系统地研究了悬浮床催化精馏（suspension catalytic distillation, SCD）新工艺，其简单示意图见图 3-53。与传统催化精馏塔相比，在反应段和提馏段之间增设了一个催化剂固液分离器，催化剂在此和大部分液相分离，并循环进入反应段，如果需要，部分催化剂可送出再生。固液分离的不完全性导致一小部分反应混合物作为液相外部返混随催化剂循环至反应段内。该工艺基于催化剂在线装卸和再生的构想，将细粉状催化剂悬浮于反应段液相中，而非固定在反应段中，不仅继承了常规反应精馏转化率高、选择性好、能耗低、操作容易、节省投资等优点，而且克服了采用上述两种催化剂技术所存在的以下缺点：催化剂床层中

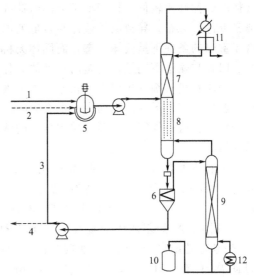

图 3-53 悬浮床催化精馏塔示意图
1—反应物；2—补充催化剂；3—循环催化剂；
4—催化剂再生；5—混合器；6—固液分离器；
7—精馏区；8—反应区；9—提馏区；
10—产物；11—冷凝器；12—再沸器

传质、传热阻力大；催化剂构件制作麻烦，装卸不便；需停车更换和再生催化剂；催化剂构件及其包装材料阻碍传质、传热的进行，使得催化剂的有效利用率降低。因此，催化剂效率显著提高且催化剂用量大大减少。之前曾有两篇美国专利提到催化剂细粉悬浮在液相中的类似思路，不过该专利中未涉及具体物系的实验验证。

从原理上讲，只要有合适的催化剂，适用于反应精馏的反应体系，都可以采用悬浮床催化精馏过程来进行。不过温郎友曾指出，考虑到充分发挥新工艺的技术优势，避免其缺点，下列两类反应体系最适合于悬浮床催化精馏：

① 催化剂易失活，需频繁再生的反应体系，这类反应体系显然不适合采用普通固定床催化精馏；

② 塔顶出产品，催化剂和塔底产物循环利用，可以避免分离问题的反应体系，如异丁烷、C_3 和 C_4 烯烃的烷基化，从混合 C_4 中分离提纯高纯度异丁烯，酯的合成和分解，甲基叔丁基醚（MTBE）分解等。

3.8 离子液体分离过程强化

离子液体是室温下完全由有机阳离子和阴离子组成的熔融盐，由于其具有不挥发、热稳定性好、无毒等特点，而成为对环境友好的绿色溶剂。目前，离子液体已成为绿色化学领域研究的一个热点，广泛应用在化工分离领域，包括精馏、吸收、萃取等。离子液体是完全由离子组成的液体。它一般由有机阳离子和无机或者有机阴离子构成的、在室温或者室温附近温度下呈液体状态的盐类，由于其阴阳离子数目相等，因而整体上呈电中性。

离子液体是从传统的高温熔融盐演变而来的，但是与常规的离子化合物有着很大的不同，常规的离子化合物只有在高温下才能变成液态，而离子液体在室温附近很宽的温度范围内均为液态，有些离子液体的凝固点甚至可以达到−96℃，这是因为与固体无机盐相比，离子液体的对称性比较低，且阳离子上的电荷或者阴离子上的电荷通过离域在整个阳离子或者阴离子上进行分布，导致离子液体在较低的温度下才能固化。因此，离子液体可在室温，甚至低于室温的条件下呈液体状态，而固体无机盐一般则不能，克服了固体盐在工业上带来的结晶、回收和输送等问题，这是离子液体为什么近年来受到关注的主要原因之一。

与普通有机溶剂（包括水）相比，离子液体具有非挥发性，因而易于与被分离组分精馏分离并循环使用，无分离剂损失，不会影响塔顶产品质量。因此离子液体分离剂可以广泛地应用于食品、医药等行业，而当采用传统的液体溶剂（非离子液体）作为分离剂时，塔顶产品易受污染。

离子液体种类繁多，改变阳离子-阴离子的不同组合，可以设计出不同的离子液体。离子液体中常见的阳离子类型有烷基季铵阳离子 $[NR_xH_{4-x}]^+$、烷基季磷阳离子 $[PR_xH_{4-x}]^+$、1,3-二烷基取代的咪唑阳离子或称 N,N'-二烷基取代的咪唑阳离子 $[R_1R_3IM]^+$、N-烷基取代的吡啶阳离子 $[RPy]^+$，如图 3-54 所示。其中最常见的是 N,N'-二烷基咪唑阳离子，因为这种类型的离子液体具有低熔点、高热稳定和化学稳定性。常见的阴离子有 $[PF_6]^-$，$[BF_4]^-$，$[SbF_6]^-$，$[CF_3SO_3]^-$，$[CuCl_2]^-$，$[AlCl_4]^-$，$[AlBr_4]^-$，$[AlI_4]^-$，$[AlCl_3Et]^-$，$[NO_3]^-$，$[NO_2]^-$ 和 $[SO_4]^{2-}$。

咪唑阳离子　　吡啶阳离子　　烷基季铵阳离子　　烷基季磷阳离子

图 3-54　离子液体中常见的几种阳离子

3.8.1　离子液体萃取精馏

用离子液体作为分离剂的萃取精馏过程称之为离子液体萃取精馏。离子液体萃取精馏既适用于分离极性体系，又适用于分离非极性体系。

3.8.1.1　离子液体萃取精馏分离乙酸乙酯-乙醇混合物

以工业上常见而重要的能形成共沸物的乙酸乙酯/乙醇体系为例，利用改进的 Othmer 釜测定了含离子液体 $[EMIM]^+[BF_4]^-$（1-乙基-3-甲基咪唑四氟硼酸盐）的等压气-液平衡数据。图 3-55 表明，加入离子液体，使气-液平衡线偏离了乙酸乙酯/乙醇二组分物系的气-液平衡线。离子液体含量越大，气-液平衡线偏离程度越大。离子液体表现出盐效应，使乙酸乙酯对乙醇的相对挥发度发生了改变，消除了它们的共沸点。离子液体含量越大，盐效应越明显。在离子液体的作用下，乙酸乙酯体现为轻组分，而乙醇体现为重组分。这是因为离子液体与极性大、分子体积小的乙醇分子之间的相互作用（盐溶作用）强于离子液体与乙酸乙酯分子之间的相互作用（盐析作用），从而增大了乙酸乙酯对乙醇的相对挥发度。

比较三种离子液体 1-乙基-3-甲基咪唑四氟硼酸盐（$[EMIM]^+[BF_4]^-$）、1-丁基-3-甲基咪唑四氟硼酸盐（$[BMIM]^+[BF_4]^-$）和 1-辛基-3-甲基咪唑四氟硼酸盐（$[OMIM]^+[BF_4]^-$）对乙酸乙酯（1）/乙醇（2）体系的分离能力（乙酸乙酯的液相摩尔分数为 0.60，脱离子液体基），如图 3-56 所示。

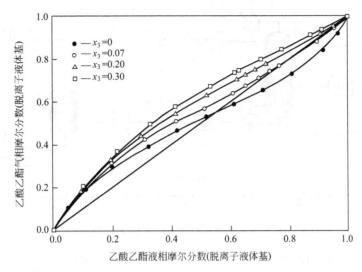

图 3-55　乙酸乙酯（1）＋乙醇（2）＋[EMIM]$^+$[BF$_4$]$^-$
（3）体系的等压相平衡（101.32kPa）

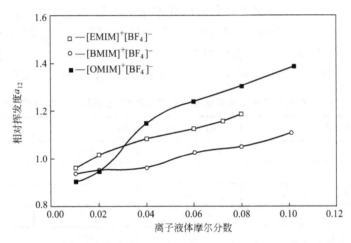

图 3-56　不同离子液体浓度下乙酸乙酯（1）对乙醇（2）的相对挥发度

在低离子液体浓度下，分离能力大小顺序为：[EMIM]$^+$[BF$_4$]$^-$＞[BMIM]$^+$[BF$_4$]$^-$＞[OMIM]$^+$[BF$_4$]$^-$；而在高离子液体浓度下，分离能力大小顺序变为[OMIM]$^+$[BF$_4$]$^-$＞[EMIM]$^+$[BF$_4$]$^-$＞[BMIM]$^+$[BF$_4$]$^-$。这是由于随着离子液体在体系中的摩尔分数的增加，体系的互溶性逐渐变弱，会出现液-液分层现象，对提高相对挥发度不利。离子液体的溶解能力大小顺序为：[OMIM]$^+$[BF$_4$]$^-$＞[BMIM]$^+$[BF$_4$]$^-$＞[EMIM]$^+$[BF$_4$]$^-$。

为比较在达到同样分离要求的条件下（塔顶乙酸乙酯摩尔分数 99.6％）三种离子液体萃取精馏的能耗，设计并优化了如下的工艺流程（见图 3-57）。分离过程由萃取精馏塔、闪蒸罐和换热器所组成。

原料经换热后以饱和液体状态进入萃取精馏塔中，在塔顶得到高纯度的乙酸乙酯（C$_4$H$_8$O$_2$），塔底出料（B1）为离子液体、乙醇和少量乙酸乙酯的混合物，经换热器（E-301）后进入闪蒸罐中进行气-液分离，闪蒸罐底部回收的离子液体，通过泵 P-301、换热器 E-302 后返回萃取精馏塔循环使用，流程图中的 B1、B2 为温度不同的同一物流，B3、B4 为压力不同的同一物流。表 3-9 显示了优化后的模拟结果。可以看出，在操作条件下，离子液

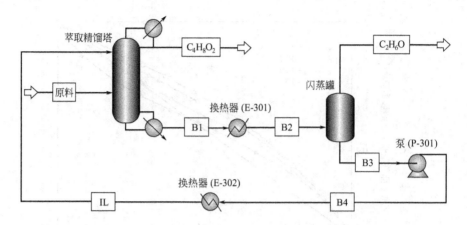

图 3-57　离子液体萃取精馏分离乙酸乙酯/乙醇工艺流程图

体分离能力从大到小的顺序为：$[OMIM]^+[BF_4]^->[EMIM]^+[BF_4]^->[BMIM]^+$
$[BF_4]^-$。与之对应，在达到同样分离要求的条件下，溶剂比（进入萃取精馏塔的离子液体
与原料摩尔流率之比）的从大到小的顺序为：$[OMIM]^+[BF_4]^-<[EMIM]^+[BF_4]^-<$
$[BMIM]^+[BF_4]^-$。然而萃取精馏过程的能耗除了与溶剂比有关之外，还与比热容有关，
其从大到小的顺序为：$[OMIM]^+[BF_4]^->[BMIM]^+[BF_4]^->[EMIM]^+[BF_4]^-$。因
此，最终的能耗大小顺序为：$[EMIM]^+[BF_4]^-<[OMIM]^+[BF_4]^-<[BMIM]^+$
$[BF_4]^-$。从节能的角度考虑，应优先选择的离子液体为$[EMIM]^+[BF_4]^-$。

表 3-9　三种离子液体萃取精馏分离乙酸乙酯/乙醇的设计和操作条件

离子液体	$[EMIM]^+[BF_4]^-$	$[BMIM]^+[BF_4]^-$	$[OMIM]^+[BF_4]^-$
萃取剂流率/kmol·h^{-1}	157	211	106
萃取精馏塔			
理论板数	40	40	40
回流比/mol	1.30	1.30	1.30
塔顶采出率/(kmol·h^{-1})	140	140	140
操作压力/atm	1	1	1
乙酸乙酯纯度(摩尔分数)/%	99.60	99.59	99.60
塔底温度/K	389.67	405.85	412.81
塔顶温度/K	350.20	350.20	350.20
再沸器热负荷/kW	2912.27	3123.13	2971.56
闪蒸罐			
操作压力/bar	0.09	0.08	0.09
操作温度/K	423.15	423.15	463.15
热负荷/kW	123.27	302.47	137.26
换热器 E-301			
操作温度/K	423.15	423.15	463.15
操作压力/atm	0.1	0.1	0.1
热负荷/kW	472.09	289.87	489.48

续表

离子液体	$[EMIM]^+[BF_4]^-$	$[BMIM]^+[BF_4]^-$	$[OMIM]^+[BF_4]^-$
换热器 E-302			
操作压力/atm	1.20	1.20	1.20
操作温度/K	348.15	348.15	348.15
热负荷/kW	85.96	132.39	163.22
总热负荷/kW	3593.59	3847.86	3761.52

注：$1bar = 10^5 Pa$。

3.8.1.2 离子液体萃取精馏分离烷烃-烯烃混合物

选取非极性体系己烷/己烯作为烷烃/烯烃的代表，利用顶空气相色谱相平衡实验装置测定了在 313.15K 和 333.15K，在相同浓度条件下，在各种离子液体中己烷对己烯的选择度，如图 3-58 所示。合成和收集了 41 种离子液体。结果表明选择度最高的离子液体是 $[C_8MIM]^+[BTA]^-$。在 333.15K，其分离能力与有机溶剂 N-甲基吡咯烷酮（NMP）相当。但是当 NMP 作为分离剂时，在有水或无水条件下易水解或分解，从而造成分离剂损失，后处理过程复杂；由于其挥发性强于离子液体，因而分离剂易夹带损失，并影响塔顶产品质量。

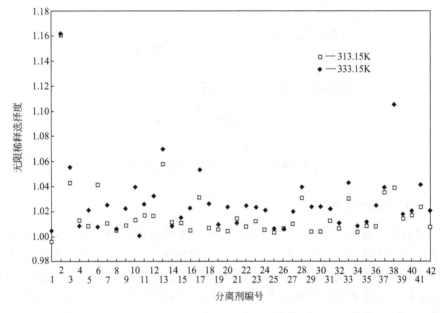

图 3-58 313.15K 和 333.15K 时以 41 种离子液体和 NMP（编号 2）为
分离剂时己烷对己烯的选择度

（分离剂摩尔分数 $x_{entrainer} = 0.3$；己烷和己烯混合物摩尔分数：$x_{n\text{-hexane}} = 0.4895$，$x_{1\text{-hexene}} = 0.5105$）

在液相中离子液体与非极性组分并不是完全互溶，从而影响离子液体的分离能力和分离过程能耗。为了全面、系统地认识离子液体分离非极性体系的分离规律，选取了己烷/己烯/$[C_8MIM]^+[BTA]^-$ 体系，测定了在不同的离子液体和非极性组分浓度条件下，从液-液互溶区过渡到液-液分层区时，选择度的变化规律。图 3-59 表明，随着混合物中非极性组分浓度的增加，选择度降低。在液-液互溶区，选择度降低速度缓慢，但是由互溶区过渡到液-液分层区时，选择度降低速度加快。

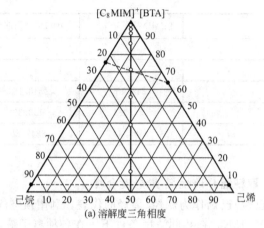

(a) 溶解度三角相度

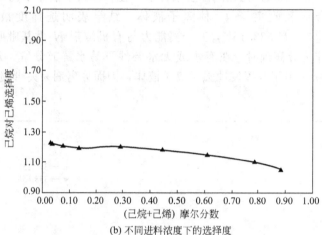

(b) 不同进料浓度下的选择度

图 3-59 三元体系己烷/己烯/$[C_8MIM]^+$ $[BTA]^-$ 中
分层效应对己烷/己烯选择度的影响

3.8.2 离子液体液-液萃取

用离子液体作为分离剂的液-液萃取过程称之为离子液体液-液萃取。从水溶液中萃取低浓度有机物是离子液体液-液萃取技术的重要应用实例之一。面向的应用领域包括在环境科学领域中优先控制污染物的检测，以及在运动科学领域中竞技体育运动员可能服用的兴奋剂检测。因此，将化工分离过程强化技术应用于样品检测前处理之中，体现了化学工程与分析化学的跨学科结合。

因大部分环境污染物和兴奋剂是含苯环和氮原子的弱极性分子，可选取从化学品市场上易于获得的苯胺为模型化合物（因为它们的分离机理是一致的），以甲基叔丁基醚（MTBE）为主分离剂，固体无机盐和离子液体为助分离剂，考察盐效应强化对分离效果（萃取后有机相中苯胺的浓度）的影响。

选取几种常见的固体无机盐 NaCl、NaBr、KAc 和 K_2CO_3 作为助分离剂。盐效应（盐浓度分别为 0%、5%、10% 和 15%，均为质量分数）对萃取后有机相中苯胺浓度 w_0 的影响如图 3-60 所示。对阴离子，盐效应大小顺序为：CO_3^{2-}＞Ac^-＞Cl^-＞Br^-；对阳离子，盐效应大小顺序为：K^+＞Na^+。实验结果符合 Hofmeister 序列（series）。随着盐浓度的增加，萃取后有机相中苯胺浓度 w_0 经历了一个不规则的变化。但当盐浓度较大时，盐效应 $K_2CO_3 > KAc$。因此最优的无机盐是 K_2CO_3，且合适的盐浓度应大于 25%（质量分数）。

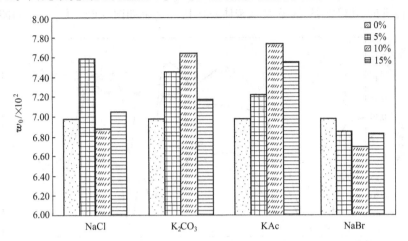

图 3-60　固体无机盐在不同浓度下的盐效应对萃取后
有机相中苯胺浓度 w_0 的影响

另一方面，选取几种常见的离子液体 $[EMIM]^+[BF_4]^-$、$[EMIM]^+[Ac]^-$、$[BMIM]^+$ $[Ac]^-$ 和 $[OMIM]^+[Ac]^-$ 作为助分离剂。离子液体浓度对萃取后有机相中苯胺浓度 w_0 的影响如图 3-61 所示。可以看出盐效应从大到小的顺序为：$[EMIM]^+[BF_4]^- \approx [EMIM]^+$ $[Ac]^- > [BMIM]^+[Ac]^- > [OMIM]^+[Ac]^-$。因此最优的离子液体结构具有分子体积小、咪唑环上烷基链短的特征。实验结果与预测型分子热力学 COSMOS 模型的计算结果一致，并符合 Hofmeister 序列规则。

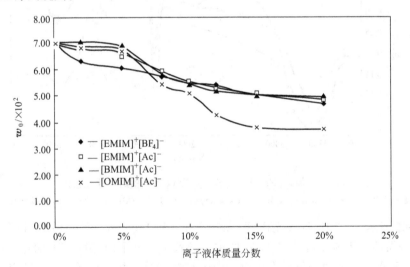

图 3-61　离子液体在不同浓度下的盐效应对萃取后
有机相中苯胺浓度 w_0 的影响

对比图 3-60 和图 3-61，可以看出固体无机盐的盐效应大于离子液体。也就是说，离子液体并不是在所有情况下其分离性能都优于固体无机盐。当用于样品检测前处理时，由于化学工程中的放大效应，离子液体在室温下呈液体状态的优点并不能充分发挥出来。所筛选出的合适的盐是 K_2CO_3。

　　根据加盐强化 MTBE 萃取苯胺的结果，选取有代表性的加入固体无机盐 K_2CO_3 以及离子液体 [EMIM]$^+$ [BF$_4$]$^-$ 和 [OMIM]$^+$ [Ac]$^-$ 的萃取体系，进行红外光谱分析，并将其分析结果与传统的 MTBE 液-液萃取苯胺体系对比，结果如图 3-62、图 3-63 和图 3-64 所示。

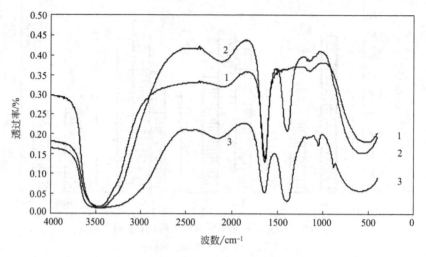

图 3-62　加入 K_2CO_3 萃取后水相的红外光谱图
1—无盐；2—10% K_2CO_3（质量分数）；3—30% K_2CO_3（质量分数）

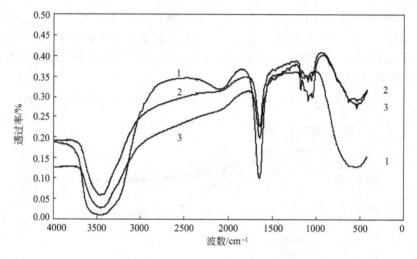

图 3-63　加入[EMIM]$^+$[BF$_4$]$^-$ 萃取后水相的红外光谱图
1—无盐；2—5%[EMIM]$^+$[BF$_4$]$^-$（质量分数）；3—10%[EMIM]$^+$[BF$_4$]$^-$（质量分数）

　　如图 3-62 所示的 FTIR 红外光谱图，$3500cm^{-1}$ 和 $1600cm^{-1}$ 的吸收峰对应于 OH 基和 NH 基的伸缩振动。固体无机盐 K_2CO_3 的加入导致了水分子中 OH 基伸缩振动峰变宽，并由于 K_2CO_3 和水分子之间的氢键作用由高向低波数偏移。盐浓度越大，OH 基伸缩振动峰变宽的趋势越明显。然而，苯胺分子中 NH 基的伸缩振动峰在 $1600cm^{-1}$ 处没有明显的变化。这说明 K_2CO_3 和苯胺分子之间的相互作用并不强烈。因此，K_2CO_3 的加入能够实现苯胺分子由水相向有机相之间的传递。

　　另外，还可运用量子化学计算工具，从分子水平上认识分子间的相互作用（见图 3-65）。如图 3-65（a）、（b）所示，随着 K_2CO_3 的加入，水分子中 OH 基的键长从 (0.96597，0.96616)Å（$1Å = 10^{-10}m = 0.1nm$）增加到 (1.04050，0.96246)Å。然而，苯

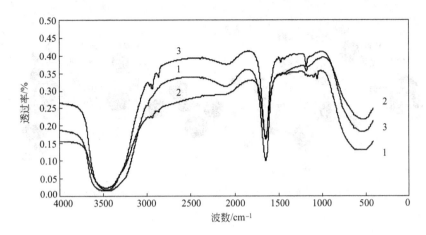

图 3-64 加入[OMIM]$^+$[Ac]$^-$萃取后水相的红外光谱图

1—无盐；2—5%[OMIM]$^+$[Ac]$^-$（质量分数）；3—10%[OMIM]$^+$[Ac]$^-$（质量分数）

胺分子中 NH 基的键长几乎没有改变［从原来的（1.01003，1.01642)Å 变化到（1.02480，1.01224)Å］。量子化学计算与 FTIR 的分析结果（图 3-62）一致。另外，水和 K_2CO_3 分子之间的结合能（－158.98584kJ·mol^{-1}）大于水和苯胺分子之间的结合能（－20.62514kJ·mol^{-1}）。因此，更多的水分子被束缚在水相，促进了苯胺分子由水相向有机相之间的传递。

如图 3-63 和图 3-64 所示，随着离子液体的加入，水分子中 OH 基的伸缩振动峰依然在 3500cm^{-1} 附近，没有发生明显的变动。苯胺分子中 NH 基的伸缩振动峰亦如此（1600cm^{-1} 附近）。这说明离子液体的盐效应弱于固体无机盐。量子化学计算结果同样也能说明这一点。如图 3-65(c)、(d) 所示，随着离子液体的加入，水分子中 OH 基和苯胺分子中 NH 基的键长几乎没有发生改变。对于 [EMIM]$^+$ [BF$_4$]$^-$ 和 [OMIM]$^+$ [Ac]$^-$，OH 基的键长从原来的（0.96597，0.96616)Å 分别变化到（0.97491，0.97114)Å 和（0.97166，0.98689)Å；NH 基的键长从原来的（1.01003，1.01642)Å 分别变化到（1.01759，1.01041)Å 和（1.02180，1.01214)Å。 [EMIM]$^+$ [BF$_4$]$^-$ 和水分子之间的结合能是－52.45014kJ·mol^{-1}，[OMIM]$^+$ [Ac]$^-$ 和水分子之间的结合能是－53.56020kJ·mol^{-1}。两者的绝对值都小于水和 K_2CO_3 分子之间的结合能。因此，从实验、计算和谱学分析三方面得到的结果能够相互印证。

3.8.3 离子液体吸收

用离子液体作为分离剂吸收不凝气体的过程称之为离子液体吸收。离子液体常用于吸收 CO_2 和 SO_2。在筛选合适的离子液体吸收剂以及建立离子液体吸收过程的数学模型时，需测定或预测离子液体-气体（CO_2、SO_2）物系的相平衡。

描述高压相平衡的方法有状态方程法和活度系数法。平衡时，某溶质在气液两相中的逸度相等，根据化工热力学关系：

$$f_i^V = p\hat{\varphi}_i^V y_i \tag{3-19}$$

$$f_i^L = f_i^0 \gamma_i x_i = p\hat{\varphi}_i^L x_i \tag{3-20}$$

可得
$$K_i = \frac{y_i}{x_i} = \frac{\hat{\varphi}_i^L}{\hat{\varphi}_i^V} （状态方程法） \tag{3-21}$$

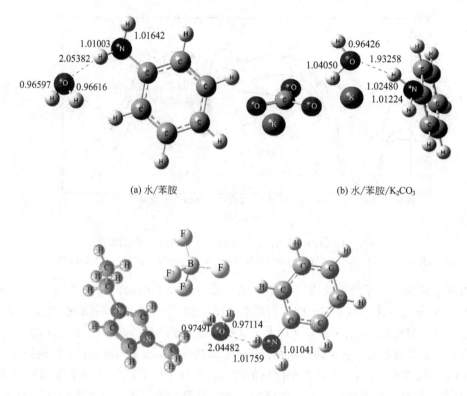

(a) 水/苯胺

(b) 水/苯胺/K₂CO₃

(c) 水/苯胺/[EMIM]⁺[BF₄]⁻

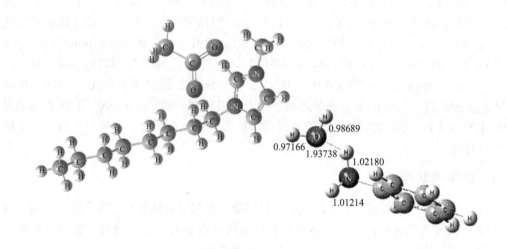

(d) 水/苯胺/[OMIM]⁺[Ac]⁻

图 3-65　量子化学计算优化后的几何构型

$$K_i = \frac{y_i}{x_i} = \frac{\gamma_i f_i^0}{\hat{\varphi}_i^V p} \quad （活度系数法）$$（3-22）

式中，f_i^V、f_i^L 分别为 i 溶质在气相、液相中的逸度；p 为总压，kPa；$\hat{\varphi}_i^V$、$\hat{\varphi}_i^L$ 分别为

i 溶质的气相、液相分逸度系数；f_i^0 为 i 溶质的标准态逸度，亦即纯溶质 i 在系统温度、压力下的逸度；γ_i 为溶质 i 的活度系数。

状态方程法和活度系数法各有优缺点，可根据不同的情况加以选用，它们的对比见表 3-10。

表 3-10　状态方程和活度系数法的比较

方法	优点	缺点
状态方程法	①不需要设定基准态； ②只需要 $p\text{-}V\text{-}T\text{-}x$ 数据，原则上不需要相平衡数据； ③可以应用对比态原理； ④可以应用于临界区； ⑤可用于各种混合物,包括聚合物和电解质溶液	①没有一个状态方程能完全适用于所有的相密度范围； ②受混合规则的影响很大
活度系数法	①简单液体混合物模型可取得满意的结果； ②温度的影响主要表现在 f_i^{L} 上，而不是在 γ_i 上； ③可用于各种混合物,包括聚合物和电解质溶液	①需要其他的方法计算液体的偏摩尔体积（在高压气-液平衡时需此数据）； ②处理超临界组分比较麻烦，不能揭示压力与相体积之间的变化关系； ③难以在临界区内应用

现以应用较多、计算精度稍高的 PR（Peng-Robinson）方程为例，介绍高压流体相平衡的计算步骤。PR 方程形式如下：

$$p=\frac{RT}{V-b}-\frac{a(T)}{V^2+2bV-b^2} \tag{3-23}$$

重排成压缩因子形式，可写为：

$$Z^3-(1-B)Z^2+(A-2B-3B^3)Z-(AB-B^2-B^3)=0 \tag{3-24}$$

其中

$$A=\frac{a(T)p}{R^2T^2} \tag{3-25}$$

$$B=\frac{bp}{RT} \tag{3-26}$$

状态方程中的参数 b 体现了分子体积的影响，而参数 $a(T)$ 体现了分子间相互作用力的影响，是温度的函数。$a(T)$ 可写为：

$$a(T)=0.45724\left(\frac{R^2T_c^2}{p_c}\right)\alpha(T_r,\omega) \tag{3-27}$$

$$\alpha^{1/2}(T_r,\omega)=1+m(1-T_r^{1/2}) \tag{3-28}$$

$$m=0.37646+1.54226\omega-0.26992\omega^2 \tag{3-29}$$

b 可写为：
$$b=0.07780\left(\frac{RT_c}{p_c}\right) \tag{3-30}$$

为了提高 PR 方程对极性体系的精确度，Stryjek 和 Vera 提出了一种改进的 PR 方程，即 PRSV 方程。该方程主要是对式(3-28) 中的 m 做了如下修正：

$$m=m_0+m_1(1+T_r^{1/2})(0.7-T_r) \tag{3-31}$$

$$m_0=0.378893+1.4897153\omega-0.171131848\omega^2+0.0196554\omega^3 \tag{3-32}$$

当 $m_1=0$ 时，PRSV 方程就简化为 PR 方程的形式。与 PR 方程相比，PRSV 方程增加了可调参数 m_1。如采用状态方程法，由式（3-21）可知，求解相平衡常数的关键是确定逸度系数。

（1）用 PR 方程计算纯流体的逸度系数　用 PR 状态方程求得的计算纯流体的逸度系数

表达式如下：

$$\ln\varphi = z - 1 - \ln(z - B) - \frac{A}{2\sqrt{2}B}\ln\frac{z + (\sqrt{2} + 1)B}{z - (\sqrt{2} - 1)B} \tag{3-33}$$

在使用上式计算逸度系数时，A、B 的表达式分别见式(3-25) 和式(3-26)，压缩因子 z 值由式(3-24) 求出。在两相区内，式(3-24) 中的 z 值有三个实根。根的最大值表示气相压缩因子，最小值表示液相压缩因子，中间值无意义。在单相区，z 值可为一个实根和两个虚根。因此，不论是在两相区还是单相区，求解逸度系数的关键归结为如何确定一元三次方程有意义的实根，并进行大小排序，找到对应的气相和液相的逸度系数。推荐用 Deiters 算法进行求解，对一个实系数的一元三次方程 $a_3 x^3 + a_2 x^2 + a_1 x + a_0 = 0$ $(a_3 \neq 0)$，推荐 Deiters 算法如下：

① 方程两边同时除以 a_3，并统一方程形式：

$$g(x) = x^3 + b_2 x^2 + b_1 x + b_0 = 0 \left(b_i = \frac{a_i}{a_3}\right)$$

$$g'(x) = 3x^2 + 2b_2 x + b_1$$

$$g''(x) = 6x + 2b_2$$

② 确定所有实根的间隔区间：

$$-r \leqslant x_k \leqslant +r \quad (r = 1 + \max|b_i|)$$

③ 选取间隔区间的边界作为初值：

$$x^{(0)} = \begin{cases} -r & [g(x_{\mathrm{infl}}) > 0] \\ +r & [g(x_{\mathrm{infl}}) \leqslant 0] \end{cases} \quad (x_{\mathrm{infl}}\text{是拐点}, x_{\mathrm{infl}} = -1/3\, b_2)$$

④ 迭代求第一个根：

$$x^{(k+1)} = x^{(k)} - \frac{g[x^{(k)}]g'[x^{(k)}]}{\{g'[x^{(k)}]\}^2 - \frac{1}{2}g[x^{(k)}]g''[x^{(k)}]}$$

由于在初值和最近的根之间无拐点或极值，能确保迭代收敛性。

⑤ 完成一个收缩：

$$h(x) = \sum_{i=0}^{2} c_i x^i \quad (c_2 = 1, \ c_1 = c_2 x_1 + b_2, \ c_0 = c_1 x_1 + b_1)$$

⑥ 求解第⑤步一元二次方程 $h(x) = 0$ 所有解析解。

⑦ 将第④步得到的一个实根和第⑥步得到的两个实根（如果存在的话）按大小排序。最大值对应的是气相压缩因子，最小值对应的是液相压缩因子。

Deiters 算法的 Basic 程序如下（建议嵌入到 MSExcel 软件之中，使用会更方便些；root 子程序也可改写 root 函数的形式，以方便调用）。

```
Global root3(100)As Double
Sub root(a♯,b♯,c♯)
Dim i％,j％,count％
Dim b0♯,b1♯,b2♯,c0♯,c1♯,c2♯,deta♯
Dim sum0♯,sum1♯,sum2♯,sum3♯,max♯,x♯
Static maxb(10)As Double

b2＝a:b1＝b:b0＝c
maxb(0)＝b0:maxb(1)＝b1:maxb(2)＝b2
max＝Abs(maxb(0))
```

```
For i=1 To 2
If max <=Abs(maxb(i))Then
max=Abs(maxb(i))
End If
Next i

x=-1♯ / 3 * b2
sum0=x ^ 3+b2 * x ^ 2+b1 * x+b0
If sum0>0 Then
x=-(1+max)
Else
x=1+max
End If

x1=x
count=0
Do
x=x1:count=count+1
sum0=x ^ 3+b2 * x ^ 2+b1 * x+b0
sum1=3 * x ^ 2+2 * b2 * x+b1
sum2=6 * x+2 * b2
x1=x-sum0 * sum1 /(sum1 ^ 2-0. 5 * sum0 * sum2)
Loop While(Abs(x1-x)>=0. 0000000001 And count <=100)
c2=1:c1=c2 * x+b2:c0=c1 * x+b1
deta=c1 ^ 2-4 * c0 * c2   ' discriminant
If deta<0 Then
    root3(1)=x
    root3(2)=x
    root3(3)=x
    Exit Sub
Else
    maxb(0)=x
    maxb(1)=(-c1+deta ^ 0. 5)/(2 * c2)
    maxb(2)=(-c1-deta ^ 0. 5)/(2 * c2)
End If

max=maxb(0)
For i=0 To 2
For j=i To 2
If maxb(i)<=maxb(j)Then
max=maxb(i):maxb(i)=maxb(j):maxb(j)=max
End If
Next j
Next i

root3(1)=maxb(0)'gas compressibility factor
root3(2)=maxb(1)
root3(3)=maxb(2)'liquid compressibility factor

End Sub
```

（2）用 PR 方程计算流体混合物的逸度系数　计算流体混合物 $a(T)$ 和 b 的混合规则通常采用以下表达式：

$$b = \sum_i x_i b_i \tag{3-34}$$

$$a(T) = \sum_i \sum_j x_i x_j a_{ij}(T) \tag{3-35}$$

$$a_{ij}(T) = (1 - k_{ij})\sqrt{a_{ii}(T)a_{jj}(T)} \tag{3-36}$$

式中，k_{ij} 是组分之间的相互作用参数。

作为 PR 方程的可调参数，通常由实验数据拟合得到。

组分 i 的逸度系数表达式如下：

$$\ln \varphi_i = \frac{B_i}{B}(z-1) - \ln(z-B) - \frac{A}{2\sqrt{2}B}\left(\frac{2\sum_k x_k a_{ki}(T)}{a(T)} - \frac{B_i}{B}\right)\ln\frac{z+(\sqrt{2}+1)B}{z-(\sqrt{2}-1)B} \tag{3-37}$$

利用上式求气相的逸度系数时用气相的压缩因子、气相的组成和物性；求液相的逸度系数时用液相的压缩因子、液相的组成和物性。

【例 3-4】　二氧化碳（CO_2）和离子液体 $[EMIM]^+$ $[BF_4]^-$ 的物性数据见表 3-11。298.2K 时 CO_2 在 $[EMIM]^+$ $[BF_4]^-$ 中的溶解度实验数据见表 3-12。用 PR 方程关联实验数据。

表 3-11　物性数据

组分	T_c/K	P_c/bar	w
CO_2	304.2	73.76	0.225
$[EMIM]^+[BF_4]^-$	585.3	23.60	0.769

解　用 PR 方程关联实验数据步骤如下：

① 首先假定初始 $k_{ij}=0$；

② 用 PR 方程计算流体混合物的气相和液相逸度系数（φ_i^V 和 φ_i^L）；

③ 利用式（3-21），得到溶解度的计算值 $x_{CO_2}(\text{cal.})$；

④ 对比 $x_{CO_2}(\text{exp.})$ 和 $x_{CO_2}(\text{cal.})$，以平均相对偏差（ARD）最小为目标函数，k_{ij} 为可调变量，利用 MS Excel 中单变量的规划求解功能，求得此时 $k_{ij}=0.1542$，ARD=2.54%。ARD 的定义如下：

$$\text{ARD}(\%) = \frac{1}{n}\sum_{i=1}^{n}\left|\frac{x_i^{\text{exp.}} - x_i^{\text{cal.}}}{x_i^{\text{exp.}}}\right| \times 100 \tag{3-38}$$

⑤ 关联后的 $x_{CO_2}(\text{cal.})$ 值列于表 3-12。

表 3-12　CO_2 溶解度（x_{CO_2}，摩尔分数）实验数据和 PR 方程关联结果

实验点	温度/K	压力/MPa	x_{CO_2} (exp.)	y_{CO_2} (exp.)	φ_i^L	φ_i^V	x_{CO_2} (cal.)
1	298.2	0.53	0.0555	1.0000	18.7498	0.9712	0.0518
2	298.2	0.91	0.0918	1.0000	10.8049	0.9509	0.0880
3	298.2	1.55	0.1470	1.0000	6.2382	0.9170	0.1470
4	298.2	2.01	0.1875	1.0000	4.7437	0.8930	0.1882
5	298.2	2.50	0.2274	1.0000	3.7593	0.8677	0.2308

实验点	温度/K	压力/MPa	x_{CO_2}（exp.）	y_{CO_2}（exp.）	φ_i^L	φ_i^V	x_{CO_2}（cal.）
6	298.2	3.00	0.2700	1.0000	3.0784	0.8421	0.2735
7	298.2	3.50	0.3102	1.0000	2.5924	0.8167	0.3150
8	298.2	4.04	0.3453	1.0000	2.2127	0.7895	0.3568

3.8.4　离子液体气体干燥

在石油化工过程中有一大类共性的气体脱水问题，包括 CO_2 气体脱水、天然气脱水、合成气脱水等。例如，在石油化工中为了阻止水合物的形成，防止 CO_2 溶于水后对管道、设备的腐蚀和堵塞，在输送之前需要对 CO_2 气体进行脱水处理，同时获得 CO_2 气体产品。因此，脱水作为工业气体净化工艺中必不可少的一步，占有举足轻重的地位。

目前，工业气体脱水的方法主要有：低温冷却分离法、固体吸附法、膜分离法、超音速脱水法、溶剂吸收法。

（1）低温冷却分离法　低温冷却分离法的原理是对气体增加压力和降低温度从而使其液化，当原料气中含有水分时，通过增压和降温后水就可以液化，因此可以对含饱和水的气体增压降温使得其中的水分凝结分离。如果气体压力较高时，可以采用节流降温的方法脱水，即含水气体混合物经过节流膨胀设备后温度降低（焦耳汤姆逊效应，JT 效应）析出其中的水分，流程如图 3-66 所示；如果气源压力较低，需先增压后冷却分离出部分水分，再采用节流降温的方法脱水。但是冷却脱水方法仅仅可以粗脱水，脱水程度不够，若达不到产品纯度要求，还需要采用其他方法进一步除水。

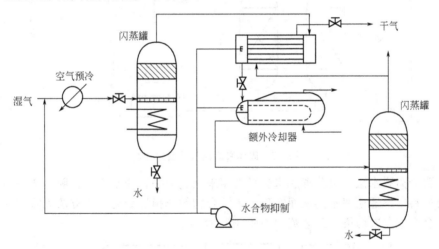

图 3-66　使用焦耳汤姆逊效应和水合物抑制剂的冷冻脱水法流程

（2）固体吸附法　固体吸附法常用的固体吸附剂包括硅胶、活性氧化铝、分子筛等，不同固体吸附剂的物理性质如表 3-13 所示，其中最常用的是分子筛脱水方法。水分子直径为 3.2Å，脱水宜选用 4Å 或者 5Å 分子筛，该方法可以达到深度脱水，脱水后含水量基本可以满足 CO_2 产品的要求。固体吸附法脱水工艺中使用的脱水吸附器大多是固定床吸附塔，简易脱水流程如图 3-67 所示。在固体吸附脱水流程中有两个塔设备，一个用来脱水，一个用来再生吸附剂，采用预热后的气体或者部分干气来再生吸附剂。固体吸附脱水法的关键是要控制两个塔设备的进出口阀门，通过切换阀门来调节两个塔的状态，可以采用 PLC 或 DCS

控制。固体吸附法设备投资费用和操作费用较高，吸附剂容易中毒和破损，且再生温度高，再生能耗量较大。

表 3-13 不同固体吸附剂的物理性质

性质	硅胶	氧化铝	分子筛
比表面积/(m² · g⁻¹)	750～830	210	650～800
空隙体积/(cm³ · g⁻¹)	0.4～0.45	0.21	0.27
空隙直径/Å	22	26	4～5
设计容量/(kgH₂O/100kg 吸附剂)	7～9	4～7	9～12
密度/(kg · m⁻³)	721	800～880	690～720
热熔/(J · kg⁻¹ · ℃⁻¹)	920	240	200
再生温度/℃	230	240	290
解吸热/(kJ · kg⁻¹)	3256	4183	3718

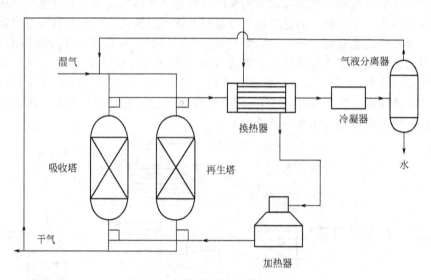

图 3-67 固体吸附法气体脱水流程

（3）膜分离脱水法 膜分离脱水法是近年来兴起的一种脱水方法，膜分离法是利用不同气体在膜材料中渗透速率不同从而实现气体混合物的选择性分离，该方法无须加入额外的分离剂，不会产生二次污染。工艺流程如图 3-68 所示。

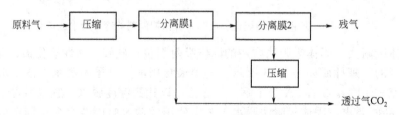

图 3-68 膜分离脱水法示意图

由于不同气体在膜中的扩散系数不同使得气体在分离膜中的相对渗透率有差异，那么含水的气体在渗透膜两侧的压力差（驱动力）的作用下穿过渗透膜时，便可以脱除原料气中的水分，从而得到干燥的气体产品。膜分离过程要求渗透膜具有坚固耐用、性能稳定、渗透气速大、水渗透率高等特性。膜分离方法能耗低，但是分离气体的纯度不够，需要与其他分离方法联合使用，设备比较复杂，原料气损失也大。

（4）超音速脱水法　超音速脱水作为一种新型的气体脱水方法，其基本原理是气体在超音速下的蒸汽冷凝。超音速分离器是脱水系统的核心部分，由拉瓦尔喷管、分离叶片、气液分离器和扩压器组成。超音速脱水系统流程简图如图 3-69 所示，含水气体进入气液分离器脱除其中的固体颗粒和小液滴，然后进入核心部分超音速分离器，气体绝热膨胀到超音速状态，在此状态下气体的压力和温度迅速下降，气体中水蒸气达到饱和状态，并且冷凝下来，接着超音速对气液混合物产生强烈的冲击波，实现气液混合物和冷凝水的分离。超音速分离器产生的冷凝水进入气液分离器分离，气液分离器顶部产生的气体与超音速分离器产生的干气体混合即得到干燥的气体产品。

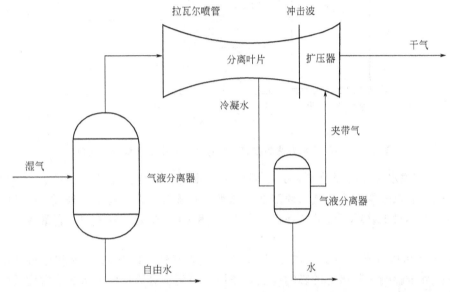

图 3-69　超音速脱水系统流程简图

（5）溶剂吸收法　溶剂吸收脱水方法是工业生产中较常用的一种气体脱水方法，三甘醇是在合成气、CH_4 和 CO_2 等气体脱水过程常用的一种醇类吸收剂，在吸收塔中三甘醇吸收湿气体中的水分，在装有再沸器的解吸塔中脱除三甘醇中的夹带气体和水分进行溶剂回收。由于三甘醇高温分解，在再生系统中对再沸器温度的控制较严格。但是，该过程存在溶剂再生装置体积大、再生能耗高（溶剂回收塔的再沸器温度高达 204℃）、且三甘醇在吸收塔和溶剂回收塔的塔顶易挥发损失等问题。也就是说，工业上现有的三甘醇脱水过程是以高能耗、高物耗等为代价来实现的。

图 3-70 给出了不同脱水方法的湿气水含量和产品中水含量的适用范围。

从本质上讲，选择好的分离剂是降低能耗和提高气体干燥过程生产能力的最有效途径，因此研究新型、高效的气体脱水分离剂具有重要意义。近些年来，离子液体作为新型吸收剂取代易挥发的传统溶剂相关研究引起广大学者的广泛关注，包括石油化工中常见的 CO_2 脱水、天然气脱水、空气脱水等。具体研究工作包括离子液体的筛选、离子液体气体干燥新技术的热态分离性能研究及全流程尺度的过程模拟。

3.8.4.1　离子液体的筛选及脱水机理分析

鄢团队采用 COSMO-RS 模型从 285 种离子液体（含 15 种阳离子和 19 种阴离子）中筛

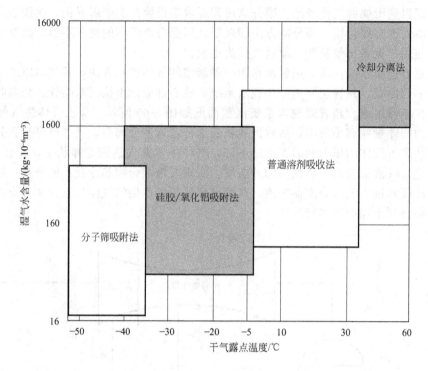

图 3-70　不同脱水方法的湿气水含量和产品中水含量的适用范围

选适用于 CO_2 脱水过程的吸收剂，其中阳离子有咪唑、吡啶、吡咯烷、铵基、磷盐，阴离子包括氟化类、氰基类、磺酸盐、硫酸盐、酯类、硝酸盐、卤化物等。通过 COSMO-RS 模型得到离子液体对 H_2O/CO_2 的选择性，及 H_2O 和 CO_2 在离子液体的亨利常数，如图 3-71 所示。

从图 3-71 可以看出，离子液体对 H_2O/CO_2 的选择性，以及 H_2O 在离子液体中的溶解度主要受阴离子影响，阳离子的影响起次要作用。阴离子对选择性及水的溶解度的影响趋势基本一致，即对水的溶解度大的离子液体，对 H_2O/CO_2 的选择性也越大。对水的溶解度较大的离子液体表现出较强的亲水性，含相同结构阳离子的离子液体，阴离子被氟化后较未氟化离子液体对水的溶解小，如水在 TfO^-（$CF_3SO_3^-$）基离子液体中的溶解度要小于 $MeSO_3^-$（$CH_3SO_3^-$）基离子液体。CO_2 在离子液体中的亨利系数如图 3-71(c) 所示，CO_2 在离子液体中的溶解度既受阳离子的影响又受阴离子的影响，对于多数具有相同阴离子的离子液体，CO_2 在其中的溶解度随着阳离子上烷基链长度的增加而增加。从 CO_2 在离子液体中溶解度方面来考虑，选择烷基链较短，并且较常用的 $[EMIM]^+$ 作为离子液体吸收剂比较合适。

除了溶解度和选择性是筛选合适吸收剂应考虑的因素外，决定离子液体液态温度范围的熔点也应该被考虑，另外在吸收剂回收阶段，采用高温闪蒸的方法脱除离子液体中的水分以循环利用，要确保离子液体高温不分解，因此离子液体的热稳定性也是一个重要因素。综上，气体的选择性和溶解度、离子液体的热物理学性质（黏度、熔点、热稳定性等）都需要考虑。离子液体 $[EMIM]^+[Tf_2N]^-$ 熔点低（256.8K）、黏度适宜（298.15K 时黏度为 34.7mPa·s）、热稳定性好等优良的热物理学性能，尽管在所筛选的离子液体中水在 $[EMIM]^+[Tf_2N]^-$ 中的溶解度及对 CO_2 的选择性（＞100）不是最优，但足以用来脱除 CO_2 气体中的饱和水，因此确定 $[EMIM]^+[Tf_2N]^-$ 为最合适的吸收剂。

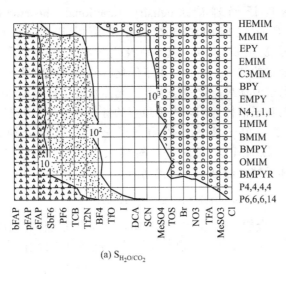

(a) S_{H_2O/CO_2}

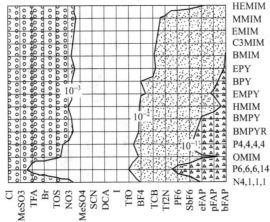

(b) H_{H_2O}

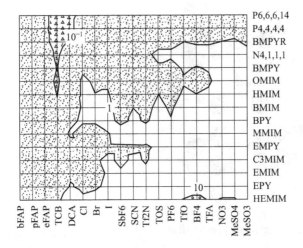

(c) H_{CO_2}

图 3-71　$T = 298.15K$ 时 H_2O/CO_2 选择性、H_2O 和 CO_2 在不同离子液体中亨利常数（MPa）

采用 Gaussian09 软件密度泛函理论（density functional theory，DFT）计算 $[EMIM]^+$ $[Tf_2N]^-$ 和 H_2O/CO_2 之间的结合能。首先采用 B3LYP（becke，three-parameter，and Lee-Yang-Parr）泛函 6-31+G* 基组优化离子液体 $[EMIM]^+[Tf_2N]^-$ 的结构，最终确定能量最低、最稳定的结构，同时考虑了优化时的基组叠加误差，在最稳定的离子液体结构中未发现虚频。离子液体最稳定的结构和二元体系的结合形式如图 3-72 所示。图 3-72b 中 CO_2 中 C、O 原子与离子液体的阴阳离子最短的键长分别为 2.9866 和 2.5201Å，图 3-72c 中 H_2O 中 H、O 原子与离子液体的阴阳离子最短的键长分别为 1.8612 和 2.0770Å，可以看出 CO_2 与 $[EMIM]^+$ $[Tf_2N]^-$ 的键长要大于 H_2O 与 $[EMIM]^+$ $[Tf_2N]^-$ 的键长。另外，二元体系结合能可由下式得到。

$$\Delta E = E(gas+IL) - E(gas) - E(IL) \qquad (3-39)$$

式中，ΔE 为二元混合物的结合能，$E(gas)$ 和 $E(IL)$ 分别为纯气体和纯离子液体的能量，$E(gas+IL)$ 为气体和离子液体二元体系的总能量，这些能量都是经过零点校正之后的能量。

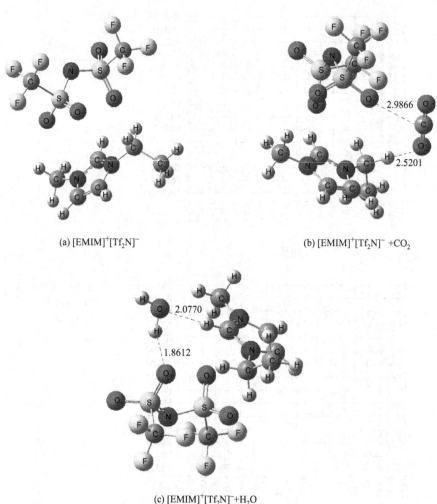

(a) $[EMIM]^+[Tf_2N]^-$

(b) $[EMIM]^+[Tf_2N]^-$ +CO_2

(c) $[EMIM]^+[Tf_2N]^-$+H_2O

图 3-72 体系的最优结构 $[EMIM]^+[Tf_2N]^-$、$[EMIM]^+[Tf_2N]^-$ +CO_2
和 $[EMIM]^+[Tf_2N]^-$ +H_2O

H_2O 和 $[EMIM]^+[Tf_2N]^-$ 之间以及 CO_2 和 $[EMIM]^+[Tf_2N]^-$ 之间的结合能分别为 -39.20 和 $-9.52kJ \cdot mol^{-1}$,很明显 H_2O 和 $[EMIM]^+[Tf_2N]^-$ 之间的作用力要大于 CO_2 和 $[EMIM]^+[Tf_2N]^-$ 之间的作用力。

3.8.4.2 气体脱水热态实验验证

离子液体气体脱水过程实验装置流程示意图如 3-73 所示,来自钢瓶的气体通过压力调节阀和体积流量控制器稳流稳压后进入水罐底部,通过鼓泡的方法得到含饱和水的载气。从水罐顶部流出的含饱和水的气体可通过气体水分分析仪测量其水含量。含饱和水蒸气的载气进入吸收塔底部,与吸收塔中自上而下的离子液体逆流接触,进行气液传质,干燥的产品气从塔顶流出进入气体水分分析仪测量水含量,从塔底流出的含水离子液体进入真空旋转蒸发仪脱除水分再进入吸收塔循环使用。

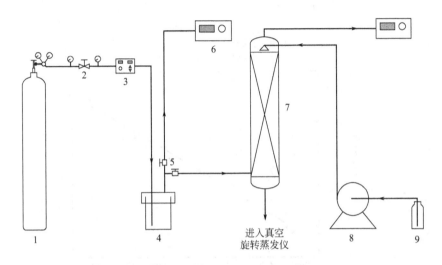

图 3-73　离子液体气体脱水过程实验装置流程示意图
1—气体钢瓶;2—压力调节阀;3—体积流量控制器;4—水罐;5—气体阀门;
6—气体水分分析仪;7—吸收塔;8—平流泵;9—离子液体储罐

离子液体体积流量和初始水含量对产品气中水含量的影响结果,如图 3-74 所示。可以看出,随着离子液体体积流量的增大,产品气中水含量逐渐降低,最后趋于稳定,说明通过增大吸收剂循环量来降低产品气中水含量是有一定限度的,当气液两相在塔顶达到平衡的时候,再增大吸收剂用量也不能有效地降低产品气中水含量,因此确定最佳的体积流量为 $20mL \cdot min^{-1}$(NTP)。图 3-74(b) 给出了离子液体入口水含量对产品气中水含量的影响,随着离子液体入口水含量的降低,液相入口处的吸收推动力增大,全塔平均推动力随之增大,使得产品中水含量下降,因此确定离子液体入口水含量为 $250mg \cdot kg^{-1}$,该值为离子液体在真空旋转蒸发仪中 80℃干燥 12h 后的最低水含量。

另外,采用 Aspen plus(version 7.2)建立平衡级模型来模拟气体脱水过程,模拟设置条件与实验条件一致,离子液体 $[EMIM]^+[Tf_2N]^-$ 作为非常规物质从 NISTV72 NIST-TRC 数据库中选出添加到物质列表中,其他物质作为常规物质从 APV72 PURE24 数据库添加到物质列表中,选用的热力学性质方法为 UNIFAC-Lei 模型,所需要的基团表面积和体积参数以及二元相互作用参数手动输入,计算结果如图 3-74 所示,结果表明平衡级模型模拟值与实验室相一致,平均相对偏差为 11.52%,说明采用 UNIFAC-Lei 热力学模型所建立的平衡级模型是有效的。

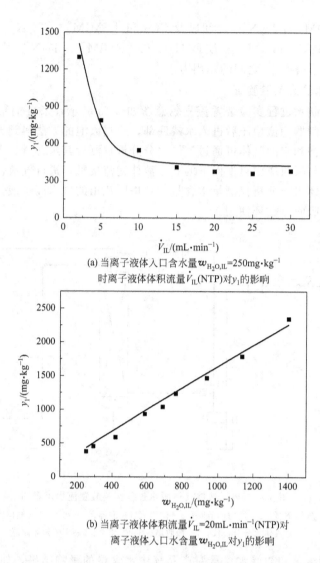

(a) 当离子液体入口含水量 $w_{H_2O,IL}$=250mg·kg^{-1}
时离子液体体积流量 $\dot{V}_{IL}$(NTP)对 y_1 的影响

(b) 当离子液体体积流量 $\dot{V}_{IL}$=20mL·min^{-1}(NTP)对
离子液体入口水含量 $w_{H_2O,IL}$ 对 y_1 的影响

图 3-74　离子液体体积流量和初始水含量（质量分数）
对产品气中水含量 y_1 的影响结果
（实线，平衡级模型模拟值；散点，实验值）

3.8.4.3　离子液体和三甘醇气体脱水流程优化结果对比

分别采用离子液体 $[EMIM]^+[Tf_2N]^-$ 和三甘醇为吸收剂的气体脱水流程如图 3-75 所示，两者在气体吸收阶段的流程是一样的，都是通过吸收塔脱除气体中水分，原料气从吸收塔底部进入，吸收剂从吸收塔顶部进入，经过多级气液传质后，气体产品从塔顶流出，含水的吸收剂从塔底流出，经过换热器后，进行吸收剂再生。而在吸收剂再生阶段，对于离子液体气体脱水流程，含水的离子液体通过闪蒸罐高温减压再生，对于三甘醇气体脱水流程，三甘醇再生是通过一个解吸塔实现的。再生后的吸收剂循环使用。

表 3-14 列出了分别采用 $[EMIM]^+[Tf_2N]^-$ 和 TEG 为吸收剂的脱水流程的优化参数和操作条件，二者吸收塔的操作条件是一样的，再生阶段的操作条件分别采用各自优化的条件。二者原料物流的条件是一样的，吸收剂物流的温度压力一致，吸收剂流量分别采用达到相同产品气水含量时各自的用量。

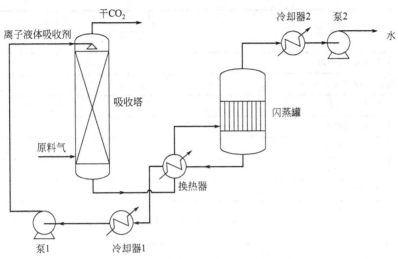

(a) 离子液体[EMIM]$^+$[Tf$_2$N]$^-$为吸收剂

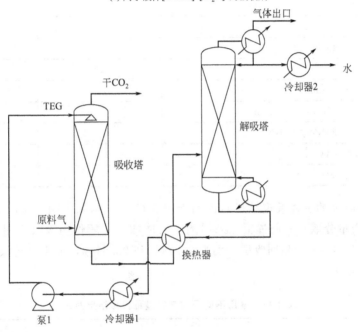

(b) 三甘醇为吸收剂

图 3-75 分别采用离子液体 [EMIM]$^+$[Tf$_2$N]$^-$ 和三甘醇为吸收剂的气体脱水流程

表 3-14 采用不同吸收剂脱水流程的优化参数和操作条件

参数		吸收剂	
		[EMIM]$^+$[Tf$_2$N]$^-$	TEG
塔	吸收塔		
	温度/℃	20	20
	压力/atm	1.0	1.0
	理论板数	4	4

参数			吸收剂	
			$[EMIM]^+[Tf_2N]^-$	TEG
塔	闪蒸罐/解吸塔			
		温度/℃	140	—
		压力/atm	0.05	1
		理论板数	—	3
		质量回流比	—	1
		采出质量流率/(kg·h⁻¹)	104.20	267.05
物流	原料物流			
		温度/℃	20	20
		压力/atm	1.0	1.0
		组成质量流量/(kg·h⁻¹)		
		CO_2	3960	3960
		H_2O	40	40
	吸收剂流量			
		温度/℃	20	20
		压力/atm	1.0	1.0
		组成质量流量/(kg·h⁻¹)		
		$[EMIM]^+[Tf_2N]^-$	9997.99	—
		H_2O	2.01	110.51
		TEG	—	13889.49

采用不同吸收剂的过程模拟结果对比列于表 3-15 中，结果表明，在产品气水含量均为 4.89×10^{-4}（质量分数）的前提下，采用离子液体和三甘醇作为吸收剂用量分别为 10000 和 14024 kg·h⁻¹，CO_2 产品回收率分别为 98.34% 和 93.61%，采用离子液体为吸收剂时，吸收剂基本没有损失。

表 3-15 采用不同吸收剂的过程模拟结果对比

参数			吸收剂	
			$[EMIM]^+[Tf_2N]^-$	TEG
物流	产品物流	温度/℃	21.3	21.9
		质量流量/(kg·h⁻¹)	3895	3708
		CO_2 产品中水含量(质量分数)	4.89×10^{-4}	4.89×10^{-4}
	吸收塔底部物流	温度/℃	26.5	25
		组成/(质量分数)		
		CO_2	0.007	0.018
		Water	0.004	0.011
		$[EMIM]^+[Tf_2N]^-$	0.989	—
		TEG	—	0.971

续表

参数			吸收剂	
			$[EMIM]^+[Tf_2N]^-$	TEG
物流	闪蒸罐顶部物流/解吸塔顶部物流	温度/℃	140	83.4
		质量流量/$(kg \cdot h^{-1})$	104.20	267.05
		组成(质量分数)		
		CO_2	0.625	0.854
		Water	0.375	0.145
		$[EMIM]^+[Tf_2N]^-$	—	—
		TEG	—	0.001
	循环的吸收剂物流	温度/℃	140	202
		质量流量/$(kg \cdot h^{-1})$	10000.735	14024.969
		组成(质量分数)		
		CO_2	7.3×10^{-5}	0.002
		Water	2×10^{-4}	0.008
		$[EMIM]^+[Tf_2N]^-$	1	—
		TEG	—	0.99

　　分别采用离子液体与三甘醇为吸收剂的两个脱水流程的能耗对比,如表 3-16 所示,通过对比发现采用离子液体作为吸收剂的脱水流程能耗上大幅度降低,总加热负荷和总冷却负荷分别降低 80.57% 和 80.06%。

表 3-16　分别采用离子液体与三甘醇为吸收剂的两个脱水流程的能耗对比

参数			吸收剂	
			$[EMIM]^+[Tf_2N]^-$	TEG
加热冷却能耗①	闪蒸罐	热负荷/kW	237.45	—
	解吸塔	冷凝器/kW	—	−108.50
		再沸器/kW	—	1222.25
	总加热负荷/kW		237.45	1222.25
	换热器	冷物流入口温度/℃	26.5	25
		冷物流出口温度/℃	88.1	90
		热负荷/kW	244.05	563.39
	冷凝器 1	物流入口温度/℃	80	147.0
		物流出口温度/℃	20	20
		热负荷/kW	−231.41	−1129.06
	冷凝器 2	物流出口温度/℃	20	20
		热负荷/kW	−15.42	−0.12
	总冷却负荷/kW		−246.83	−1237.68
真空泵的能耗/kW			8.58	—

　　① 离子液体气体脱水过程:总加热负荷=闪蒸罐能耗,总冷却负荷=冷凝器 1 能耗+冷凝器 2 能耗;三甘醇气体脱水过程:总加热负荷=解吸塔再沸器能耗,总冷却负荷=冷凝器 1 能耗+冷凝器 2 能耗+解吸塔冷凝器能耗。

3.8.5 离子液体捕集可凝性挥发有机物

近年来，随着经济和社会的发展，环境污染已然成为当今世界各国亟待解决的难题之一。大气中的挥发性有机化合物（volatile organic compounds，VOCs）是导致环境问题的一大类重要污染物，特别是有毒、有害的有机废气不仅严重危害人体健康，而且会与大气中的 NO_x 在阳光紫外线作用下产生光化学反应，生成臭氧、过氧乙酰硝酸酯、醛类等光化学烟雾进而造成二次污染。因此，VOCs 的处理越来越受到全球的重视，欧美国家特此制定的《清洁空气法案》《欧盟指令 2004/42/EC》《欧洲生态标签》等法令，以及 2013 年国务院发布的《大气污染防治行动计划》、2016 年颁布的《石油炼制工业污染物排放标准》和《石油化学工业污染物排放标准》等法规和行业标准，均对大气中的 VOCs 排放进行了严格的限制。我国的 VOCs 主要来源于化学工业和石油化工、制药、包装印刷、造纸、涂料装饰等行业排放的废气，其中石油化工行业废气排放量居首，约占工业排放总量的 30%，而且具有废气排放量大、污染物种类多、浓度高等特点，治理任务繁重，VOCs 治理将是石油化工行业面临的一项长期而艰巨的任务。

VOCs 处理技术大体上可以分为两大类：一类是消除技术，包括热破坏法（直接燃烧法、催化燃烧法和浓缩燃烧法）、等离子体法、生物法及光化学氧化法；一类是回收法，包括吸收法、冷凝法、吸附法、膜分离法。环保部发布的《挥发性有机物（VOCs）污染防治技术政策》中明确提出，在工业生产过程中鼓励 VOCs 回收利用，提倡对 VOCs 处理优先采取回收技术。VOCs 回收技术中吸收法由于工艺流程简单、操作稳定、运行费用低的特点被广泛用于废气量大、VOCs 浓度高的气相污染物处理，通常采用十六烷烃、二乙基羟胺（DEHA）、三甘醇（TEG）等捕集有机废气中的苯类化合物。但是，溶剂再生能耗高、装置体积大，溶剂具有挥发损失、易造成二次污染。特别是对于低浓度 VOCs 处理过程，吸收效率低。对于特定的吸收设备来说，新型高效绿色的吸收剂筛选是解决该技术瓶颈的关键。据此，笔者团队提出采用离子液体捕集可凝性 VOCs 新技术，并以离子液体捕集苯、甲苯、对二甲苯等苯系可凝性 VOCs 为例对其展开了详细研究。

3.8.5.1 离子液体的筛选

首先采用 COSMO-RS 模型筛选适宜的离子液体，计算得到 255 种常规离子液体中苯、甲苯及对二甲苯与氮气的选择性的对数图（lgS）（图 3-76）。结果表明：25℃时三种可凝性 VOCs/N_2 选择性高达 $10^3 \sim 10^6$。

综合考虑 COSMO-RS 模型对 255 种离子液体的筛选结果及离子液体的热物理学性质、离子液体成本、操作条件等各方面，疏水性的 $[EMIM]^+[Tf_2N]^-$ 离子液体为适宜的苯系物 VOCs 吸收剂。

3.8.5.2 实验室离子液体捕集可凝性苯系 VOCs 热态验证

在 20℃、常压条件测定了 $[EMIM]^+[Tf_2N]^-$ 离子液体吸收氮气中的苯、甲苯、对二甲苯气体并考察了水含量对可凝性 VOCs 吸收的影响，其中氮气流量为 500mL/min，结果展现在图 3-77 中。

结果表明，随着离子液体流量的增大，气体产品中 VOCs 含量逐渐降低，最终趋于平稳。当离子液体流量大于 15mL/min 时，苯、甲苯和对二甲苯分别由入口处的 9.86%、2.89% 和 0.86% 降为出口处的 1165、505 和 132mg·kg^{-1}。另外，由图 3-76 可见，离子液体含水量由 70mg·kg^{-1} 增大到 1000mg·kg^{-1} 对于捕集可凝性 VOCs 几乎没有影响。

3.8.5.3 工业规模离子液体捕集可凝性 VOCs 流程设计与优化

在实验室小试基础上，建立了工业级别的离子液体同时捕集气体中水分及可凝性 VOCs 的工艺流程（图 3-78），并对其进行了优化设计。

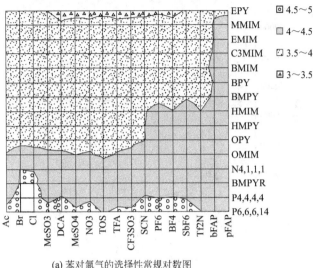

(a) 苯对氮气的选择性常规对数图

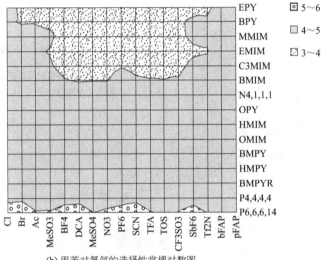

(b) 甲苯对氮气的选择性常规对数图

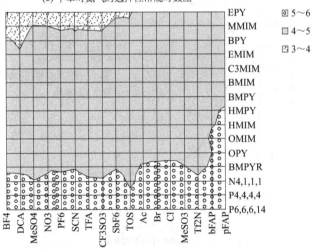

(c) 对二甲苯对氮气的选择性常规对数图

图 3-76　298.15K 时苯、甲苯及对二甲苯对氮气的选择性常规对数图

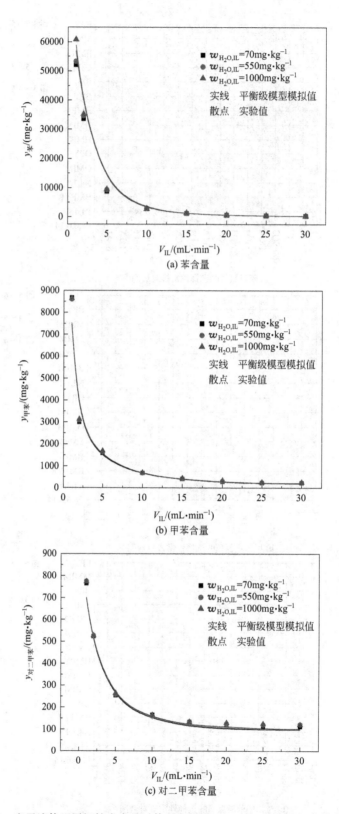

图 3-77　离子液体不同初始含水量时体积流量 V_{IL}（NTP）对产品气中苯含量、
甲苯含量及对二甲苯含量（摩尔分数）的影响

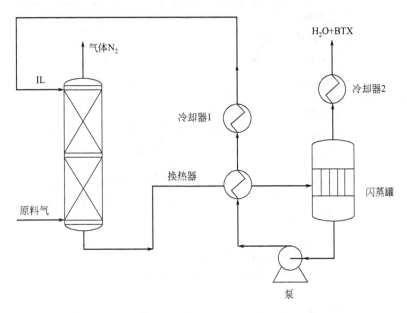

图 3-78　离子液体同时捕集气体中水分和 BTX 的流程示意图

气体总流量设计值为 1000kg/h，其中饱和水含量为 2.30%、BTX（苯 9.86%、甲苯 2.89% 和对二甲苯 0.86% 之和）总含量为 13.61%，设计要求气体产品中水含量低于 100mg·kg^{-1}、总 BTX 含量低于 1.50%、氮气的回收率高于 99.0%。为达到设计目标我们对吸收塔理论板数（N_t）、离子液体质量流量（m_{IL}）、吸收塔操作温度（T_1）、闪蒸罐操作温度（T_2）、闪蒸罐操作压力（P_2）等设计和操作参数对吸收结果的影响进行了分析，结果如图 3-79 至图 3-82 所示。综合分析，优化的结果如下：$m_{IL} = 4000kg/h$、$N_t = 6$、$T_1 = 20℃$、$T_2 = 150℃$、$P_2 = 0.05bar$，此时气体产品中水含量达到 84mg·kg^{-1}、BTX 含量为 1.32%、氮气回收率为 99.67%。

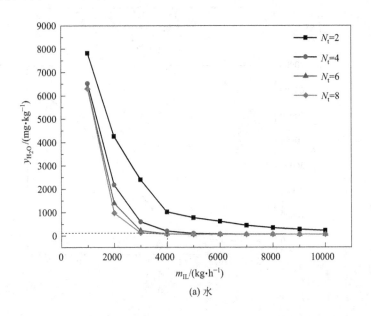

(a) 水

图 3-79

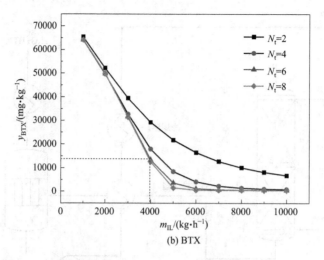

(b) BTX

图 3-79　离子液体质量流量（m_{IL}）和吸收塔理论塔板数（N_t）
对产品气中水和 BTX 含量的影响

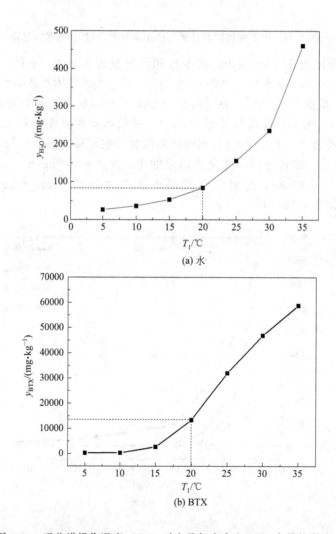

(a) 水

(b) BTX

图 3-80　吸收塔操作温度（T_1）对产品气中水和 BTX 含量的影响

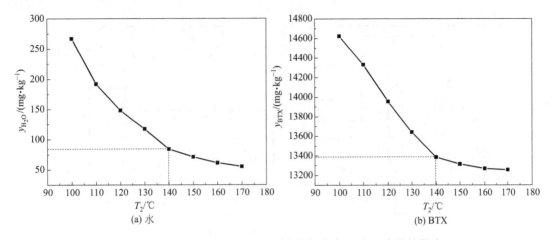

图 3-81　闪蒸罐操作温度（T_2）对产品气中水和 BTX 含量的影响

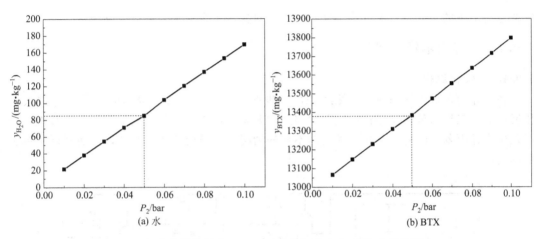

图 3-82　闪蒸罐操作压力（P_2）对产品气中水和 BTX 含量的影响

3.9　异丙苯工艺流程节能优化

　　异丙苯又称枯烯，是一种重要的有机化工原料，用途十分广泛，最主要的是用于生产苯酚和丙酮，其他用途是用作油漆、清漆和搪瓷珐琅的稀释剂，某些石油溶液的成分以及高辛烷值航空燃料油组分。另外，它还可用于制造聚合和氧化催化剂，制取苯乙酮、α-甲基苯乙烯和过氧化物等产品。

　　目前工业上合成异丙苯所用的催化剂不尽相同，但其工艺流程基本相同。原料丙烯经过预处理后送到烷基化反应器，原料苯经过预处理送到苯塔，在苯塔中进行脱水后由侧线采出送到烃化和反烃化反应器进行反应，反应液混合后送入分离系统，即依次送到苯塔、异丙苯塔、二异丙苯塔进行分离，在苯塔塔顶脱出污苯、水等组分，在异丙苯塔顶得到产品异丙苯，二异丙苯塔侧线得到二异丙苯送回反烃化反应器，副产物重芳烃由二异丙苯塔釜采出（见图 3-83）。

　　异丙苯合成过程中存在的问题是：二异丙苯由二异丙苯塔侧线采出返回反烃化反应器进行反应，而烃化反应生成的重芳烃三异丙苯没有经过任何处理直接由塔釜排出，既造成了重组分的排放也增加了单位产品的原料消耗和能量消耗。针对此问题，本节对异丙苯合成过程

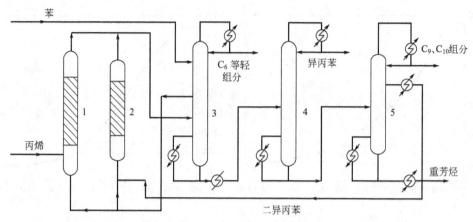

图 3-83　合成异丙苯原工艺流程简图
1—烃化反应器；2—反烃化反应器；3—苯塔；4—异丙苯塔；5—二异丙苯塔

中的分离工段的二异丙苯塔进行了优化，从而对异丙苯合成工艺进行节能改造。

3.9.1　二异丙苯塔的优化

3.9.1.1　优化流程

在二异丙苯塔中增加一个下侧线采出（见图 3-84）以回收三异丙苯。采出物进入反烃化反应器，三异丙苯和反烃化反应器中多余的苯发生反应生成二异丙苯，二异丙苯进一步反烃化生成异丙苯。因此在苯与丙烯进料不变的情况下，异丙苯产量增加，从而降低了单位产品的能耗。

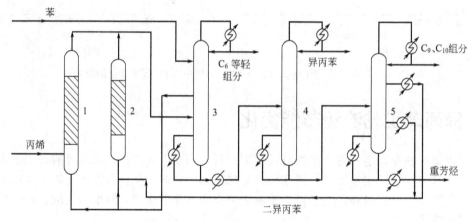

图 3-84　合成异丙苯优化工艺流程
1—烃化反应器；2—反烃化反应器；3—苯塔；4—异丙苯塔；5—二异丙苯塔

3.9.1.2　模拟计算

利用 Pro Ⅱ 对分离工段进行能耗计算，其中气-液平衡模型采用 UNIFAC 模型，算法选用 Inside-out 方法。三异丙苯（TIPB）常压沸点由 NIST Webbook 数据库（http：//webbook. nist. gov/chemistry/）中查得（$T_b = 509.4K$），其临界参数由许文-张建侯提出的三基团参数法计算得到，其他物性参数由相应的关联式求得。

原工艺流程的计算条件见表 3-17，在二异丙苯塔下侧设侧线（24 块塔板）采出时，随采出量的变化，苯塔侧线采出量、回流量及异丙苯塔塔顶采出量发生相应变化，但其他条件如塔板数量、操作压力、塔顶组成、进料情况等均保持不变。

表 3-17　分离过程操作条件

参数	苯塔	异丙苯塔	二异丙苯塔
理论板数(包括全凝和再沸器)	55	40	30
操作压力/kPa	500	110	40
进料塔板位置(从塔顶算起)	苯 7,反应液 20	17	20
回流量/(kg·h^{-1})	35000	10000	6900
侧线采出塔板数	20	—	6
塔顶采出量/(kg·h^{-1})	70.28	13024	27.18
侧线采出量/(kg·h^{-1})	36225	—	3634.2

3.9.1.3　优化流程分析

（1）二异丙苯塔下侧采出时苯塔冷凝器和再沸器能耗　图 3-85 说明，随下侧采出量的增加，冷凝器和再沸器的热负荷都逐渐增加，但因为总产量增加而使单位产品上的冷凝器和再沸器负荷逐渐降低，与原流程相比，单位产品苯塔冷凝器负荷最大可降低 5%，单位产品

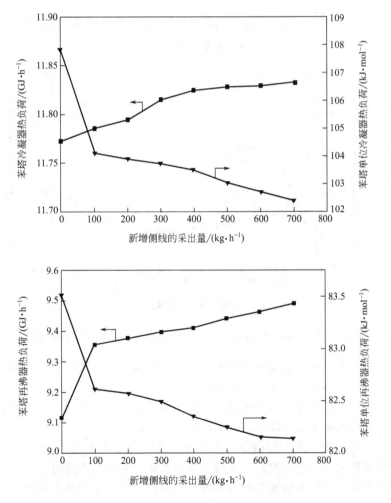

图 3-85　随二异丙苯塔新增侧线采出量的变化苯塔热负荷变化曲线

再沸器负荷最大可降低 1.65%。由此说明二异丙苯塔增加一个下侧线采出时，苯塔能够达到节能降耗的目的。

（2）二异丙苯塔下侧采出量的变化异丙苯塔冷凝器和再沸器能耗的影响 图 3-86 说明，随二异丙苯塔下侧采出量的增加，异丙苯塔的冷凝器和再沸器的热负荷逐渐增加，但因为异丙苯塔顶产品总量增加从而使单位产品上的冷凝器和再沸器负荷都逐渐降低，由此说明二异丙苯塔增加一个下侧线采出时，异丙苯塔能够达到节能降耗的目的。

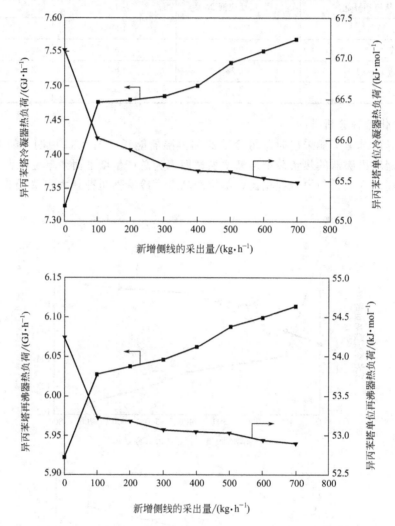

图 3-86　随二异丙苯塔新增侧线采出量的变化异丙苯塔热负荷变化曲线

（3）二异丙苯塔下侧采出量的变化异丙苯塔冷凝器和再沸器能耗的影响 图 3-87 说明，随二异丙苯塔下侧采出量的增加，二异丙苯塔的冷凝器和再沸器的热负荷迅速下降，之后基本保持不变，单位产品的冷凝器和再沸器负荷亦是如此，由此说明二异丙苯塔增加一个下侧线采出时，二异丙苯塔本身也能够达到节能降耗的目的。

（4）整个分离过程中所有冷凝器和再沸器总热负荷 表 3-18 给出了优化流程与原流程冷凝器和再沸器热负荷对比情况，二异丙苯塔新增侧线采出量不同时，整个工艺流程中的冷凝器总负荷（苯塔、异丙苯塔和二异丙苯塔中冷凝器负荷之和）及总的再沸器负荷不同，可见单位产品总冷凝器负荷最大可降低 5.47%，单位产品总再沸器负荷最大可降低 4.25%。

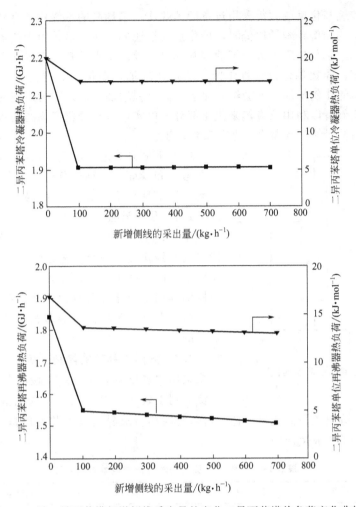

图 3-87　随二异丙苯塔新增侧线采出量的变化二异丙苯塔热负荷变化曲线

表 3-18　优化流程与原流程冷凝器和再沸器热负荷对比

项目	新增侧线采出量/(kg·h⁻¹)	总冷凝器热负荷/(GJ·h⁻¹)	总再沸器热负荷/(GJ·h⁻¹)	单位冷凝器热负荷/(kJ·mol⁻¹)	单位再沸器热负荷/(kJ·mol⁻¹)
原流程	—	21.3	16.89	195.06	154.67
优化流程	100	21.17	16.93	186.91	149.50
	200	21.18	16.95	186.57	149.35
	300	21.2	16.98	186.14	149.04
	400	21.23	17.00	185.80	148.80
	500	21.27	17.05	185.25	148.55
	600	21.28	17.08	184.78	148.27
	700	21.31	17.11	184.38	148.11

3.9.2　泡点反应器合成异丙苯

苯与丙烯催化反应器主要有：固定床反应器、固定床催化精馏塔和悬浮床催化精馏塔。一般在固定床催化精馏塔中催化剂构件的内传质问题严重，而且催化剂再生困难，为降低异丙苯等的进一步烷基化反应大都采用过量的苯烯比，选择高的苯烯比，有利于提高催化剂的稳定性及异丙苯的比例。苯烯比低时，催化剂失活速率很快。这是由于过量的丙烯齐聚生成的长链烯烃和苯烷基化生成了大分子的烷基苯以及异丙苯再烷基化生成的多烷基苯阻塞了分子筛催化剂孔道，导致催化剂活性下降。苯烯比增加，催化剂稳定性提高。但是苯烯比过高，烃化液中苯的比例增加，就会给后序的分离过程增加负荷。因为苯与丙烯生成异丙苯为放热过程，故我们可以利用反应热来汽化部分苯以实现苯与烃化产物的初步分离，降低分离工段的分离负荷，最终实现整个工艺的节约降耗。

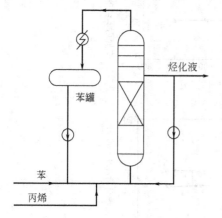

图 3-88　泡点反应器简图

因此下面采取泡点反应器来代替原固定床反应器，主要考察和验证采用结构化催化剂和苯蒸发散热的新工艺，以实现在低苯烯比下合成异丙苯的优化流程。

3.9.2.1　优化流程

用泡点反应器代替原有的固定床反应器，分离工段以及反烃化装置与原工艺相同。图 3-88 给出了泡点反应器简图。由于苯与丙烯反应为放热反应，泡点反应器即利用反应热部分汽化苯从而降低分离工段的分离负荷，尤其是苯塔的分离负荷，从而实现节能降耗的目的。

3.9.2.2　分离过程节能降耗分析

采用泡点反应器时分离工段中各塔冷凝器和再沸器负荷列于表 3-19 中，可见，采用泡点反应器合成异丙苯大大降低了分离工段的能量消耗，对苯与丙烯合成异丙苯工艺流程是一个很大的优化，此优化流程可用于工业生产中。

表 3-19　采用泡点反应器时分离过程能耗统计表

项目	原流程		泡点反应器	
	总负荷/ $(GJ \cdot h^{-1})$	单位产品负荷/ $(kJ \cdot mol^{-1})$	总负荷/ $(GJ \cdot h^{-1})$	单位产品负荷/ $(kJ \cdot mol^{-1})$
苯塔				
冷凝器	11.77	107.83	9.82	88.45
再沸器	9.12	83.52	7.18	64.64
异丙苯塔				
冷凝器	7.33	67.10	6.12	55.13
再沸器	5.92	54.26	4.70	42.37
二异丙苯塔				
冷凝器	2.20	20.13	1.71	15.43
再沸器	1.85	16.90	1.37	12.37
整个流程冷凝器	21.30	195.06	17.66	159.01
整个流程再沸器	16.89	154.67	13.25	119.38

3.9.2.3　同时采用泡点反应器和增加二异丙苯塔新增侧线采出

同时采用前面所述的泡点反应器和增加二异丙苯塔下侧线采出两种优化方法，对异丙苯工艺流程进行模拟计算，计算结果列于表 3-20 和表 3-21 中。

表 3-20 综合优化异丙苯工艺过程时能耗统计表

项目		原流程	新增侧线的采出量/(kg·h⁻¹)		
			100	200	270
冷凝器负荷 /(GJ·h⁻¹)	苯塔	11.77	9.83	9.86	9.86
	异丙苯塔	7.33	6.15	6.16	6.17
	二异丙苯塔	2.2	1.66	1.68	1.68
	总冷凝器负荷	21.3	17.65	17.7	17.72
再沸器负荷 /(GJ·h⁻¹)	苯塔	9.12	7.2	7.22	7.23
	异丙苯塔	5.92	4.74	4.74	4.75
	二异丙苯塔	1.85	1.32	1.33	1.34
	总再沸器负荷	16.89	13.26	13.3	13.31

表 3-21 综合优化异丙苯工艺过程时单位产品能耗统计表

项目		原流程	新增侧线的采出量/(kg·h⁻¹)		
			100	200	270
冷凝器负荷 /(GJ·h⁻¹)	苯塔	107.83	87.86	87.62	87.54
	异丙苯塔	67.1	54.98	54.82	54.8
	二异丙苯塔	20.13	14.87	14.93	14.93
	总冷凝器负荷	195.06	157.7	157.45	157.27
再沸器负荷 /(GJ·h⁻¹)	苯塔	83.52	64.29	64.18	64.14
	异丙苯塔	54.26	42.31	42.2	42.14
	二异丙苯塔	16.9	11.83	11.85	11.85
	总再沸器负荷	154.67	118.44	118.33	118.13

表 3-21 给出了从分离过程和反应器两方面同时对流程进行优化时整个分离工段单位产品上冷凝器和再沸器能量消耗,可以看出,采用泡点反应器并且新增加的二异丙苯塔侧线采出为 270kg·h⁻¹ 时,整个工艺流程中,单位产品总冷凝器负荷由原流程的 195.06GJ·h⁻¹ 降到 157.27GJ·h⁻¹,降低了 19.37%;单位产品总再沸器负荷由原流程的 154.67GJ·h⁻¹ 降到 118.13GJ·h⁻¹,降低了 23.62%。异丙苯工艺流程得到进一步优化。

3.9.3 催化精馏合成异丙苯

3.9.3.1 催化精馏合成异丙苯的操作特性

(1) Aspen Plus 模拟固定床催化精馏塔 采用固定床催化精馏反应器合成异丙苯,固定床催化精馏塔共分 41 块理论塔板(包括冷凝器和再沸器),塔顶冷凝器选择全凝器,全凝器为第一块塔板,塔釜再沸器为 41 块。操作压力 0.7MPa,苯进料 100kmol·h⁻¹,丙烯 50kmol·h⁻¹,回流量 960kmol·h⁻¹,催化精馏塔采用全回流操作。苯在塔顶进料,丙烯在塔中部进料(第 21 块塔板),反应体积 3m³。采用 Aspen Plus 进行模拟计算,选择用于严格多级分离模型的 RadFrac,热力学方程选择 UNIFAC 活度模型。为简化计算,假设塔内只有苯、丙烯、异丙苯和二异丙苯四种组分,存在如下反应。

烷基化反应: $$B + P \longrightarrow I \tag{3-40}$$
$$P + I \longrightarrow D \tag{3-41}$$

烷基转移反应： $D+B \rightleftharpoons 2I$ (3-42)

式中，B、P、I、D 分别表示苯、丙烯、异丙苯和二异丙苯。

对于反应式(3-40) 和反应式(3-41)，采用动力学模型，烷基化反应动力学数据见式(3-43) 和式(3-44)，烷基转移反应采用平衡模型，平衡常数 K 见式(3-45)。

$$r_1 = 3.74 \times 10^4 \exp(-7.39 \times 10^3/T) \times c_B^{0.9} c_P^{1.0} \tag{3-43}$$

$$r_2 = 3.68 \times 10^7 \exp(-1.00 \times 10^4/T) \times c_I^{0.5} c_P^{0.9} \tag{3-44}$$

$$K = 6.52 \times 10^{-3} \exp(27240/RT) \tag{3-45}$$

式中，c_B、c_P 和 c_I 分别表示苯、丙烯和异丙苯的摩尔浓度；r_1 和 r_2 表示反应速率。

（2）固定床催化精馏塔操作特性　催化精馏塔内气液相摩尔流量分布如图 3-89 所示，可以看出，气相负荷变化不大，所以塔径设计比较方便，反应段和提馏段可以采用同一塔径。

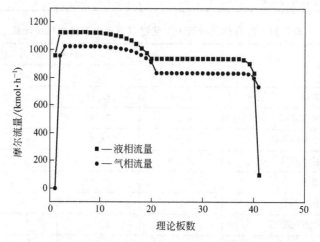

图 3-89　固定床催化精馏塔内气液相摩尔流量分布

图 3-90 给出了固定床催化精馏塔内液相摩尔分数的分布情况，可以看出：①塔顶苯的摩尔分数几乎为 100%，即为纯苯回流，相应的塔顶温度大致为苯在操作压力下的沸点；②在近塔釜塔板上苯浓度急剧下降，重组分异丙苯和二异丙苯浓度相应增大，同时塔釜温度急剧升高；由上可知，催化精馏塔内温度分布和组成分布可以看成是一一对应且相互联系的。

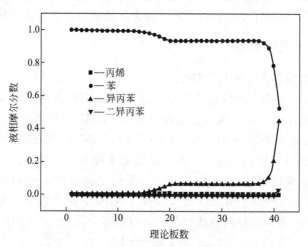

图 3-90　固定床催化精馏塔内液相摩尔分数分布

3.9.3.2　固定床催化精馏塔合成异丙苯工艺流程

（1）工艺流程及进料说明　采用固定床催化精馏塔来代替原有烃化反应器，分离工段和反烃化反应器都保持不变，催化精馏塔合成异丙苯工艺流程见图 3-91。

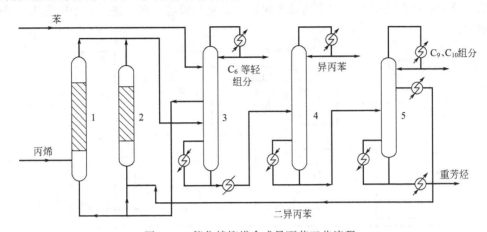

图 3-91　催化精馏塔合成异丙苯工艺流程

1—固定床催化精馏塔；2—反烃化反应器；3—苯塔；4—异丙苯塔；5—二异丙苯塔

（2）分离工序能耗分析　表 3-22 给出了采用固定床催化精馏塔时整个分离过程中的能耗，可以看出，采用固定床催化精馏时，整个工艺流程中总冷凝器负荷降低了 31.40%，单位产品总冷凝器负荷降低了 36.37%；总再沸器负荷降低了 16.25%，单位产品总再沸器负荷降低了 23.63%。

表 3-22　整个流程能量消耗表

项目		原流程		固定床催化精馏	
		总负荷 /(GJ·h^{-1})	单位产品负荷 /(kJ·mol^{-1})	总负荷 /(GJ·h^{-1})	单位产品负荷 /(kJ·mol^{-1})
苯塔	冷凝器	11.77	107.83	6.87	58.41
	再沸器	9.12	83.52	8.11	68.88
异丙苯塔	冷凝器	7.33	67.10	6.55	55.69
	再沸器	5.92	54.26	5.00	42.45
二异丙苯塔	冷凝器	2.20	20.13	1.18	10.03
	再沸器	1.85	16.90	1.04	8.84
整个流程冷凝器		21.30	195.06	14.61	124.12
整个流程再沸器		16.89	154.67	14.14	120.16

3.9.4　烷基化和烷基转移反应同时进行的固定床催化精馏

固定床催化精馏塔主要应用在苯与丙烯催化反应合成异丙苯的烷基化反应过程中，而二异丙苯和苯的烷基转移反应在另一个固定床反应器中实现。文献［54］中指出，合成异丙苯的烷基化和烷基转移反应可以在同一个固定床催化精馏塔中实现，从而提高丙烯的转化率和烷基苯的选择性，从而简化工艺流程并节省设备投资。

3.9.4.1　优化流程

图 3-92 给出了烷基化和烷基转移反应同时进行的固定床催化精馏合成异丙苯的优化流

程，催化精馏塔塔釜产物主要是苯、异丙苯和二异丙苯的混合物，它们依次经过苯塔、异丙苯塔和二异丙苯塔，在异丙苯塔塔顶得到目的产品异丙苯，二异丙苯塔侧线采出的二异丙苯重新返回催化精馏塔中循环使用。对于在固定床催化精馏塔中只进行烷基化反应的工艺流程，从二异丙苯塔侧线采出的二异丙苯不再进入催化精馏塔，而是进入一个固定床烷基转移反应器中。

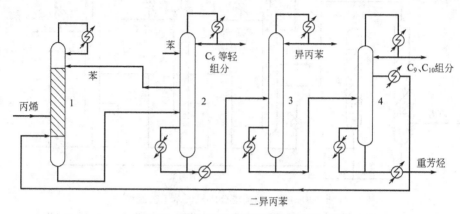

图 3-92　催化精馏合成异丙苯工艺流程
1—固定床催化精馏塔；2—苯塔；3—异丙苯塔；4—二异丙苯塔

3.9.4.2　优化固定床催化精馏塔的操作特点

烷基化和烷基转移反应同时进行的催化精馏塔与仅仅进行烷基化反应的催化精馏塔的一个明显区别是有一股二异丙苯从塔下部进入催化精馏塔内。从图 3-93 可以看出，在固定床

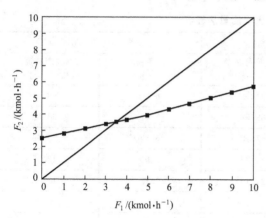

图 3-93　固定床催化精馏塔 F_2 与 F_1 的变化关系

催化精馏塔其他操作参数不变的情况下，进入催化精馏塔的二异丙苯流量 F_1 是影响精馏塔设计和操作的一个重要参数。在催化精馏塔的模拟计算过程中发现，二异丙苯流量 F_1 不能任意给定。进入催化精馏塔的二异丙苯流量 F_1 必须等于从塔釜流出的二异丙苯流量 F_2。

在催化精馏塔的模拟过程中，不断调整进入催化精馏塔的二异丙苯流量 F_1，直至 $F_1=F_2$，从而确定出 F_1。固定床催化精馏塔的操作条件是：压力 7atm；塔顶部进料苯 100kmol·h^{-1}；丙烯 50kmol·h^{-1}；回流量 960kmol·h^{-1}；全塔理论板数 41 块。固定床催化精馏塔 F_2 和 F_1 的变化关系见图 3-93。

3.9.4.3　不同苯烯比时优化固定床催化精馏塔的操作特点

当进入催化精馏塔的二异丙苯流量 F_1 等于从塔釜流出的二异丙苯流量 F_2 时，系统才能够在定态下操作。改变丙烯进料量进而改变进料苯烯比（摩尔比），考察 F_1 和 F_2 的变化关系，如图 3-94 所示。随苯烯比增大，操作点（$F_1=F_2$ 的值）越小，当苯烯比等于 3 时，$F_1=F_2$ 的值已非常小，仅为 1kmol·h^{-1}；苯烯比大于 3 时固定床催化精馏优化流程将不存在定态操作点，所以设计操作时苯烯比应适当减小，但是设计时，应注意苯烯比不应小于 1，以避免丙烯的齐聚反应进而导致催化剂失活。

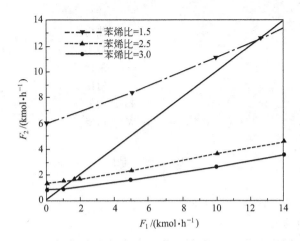

图 3-94　不同苯烯比时固定床催化精馏塔 F_2 与 F_1 的变化关系

　　本节针对现实异丙苯合成过程中存在的问题：①烃化反应生成的重芳烃三异丙苯没有经过任何处理直接由塔釜排出，既造成了重组分的排放也增加了单位产品的原料消耗和能量消耗；②为限制异丙苯的进一步氧化而采用高苯烯比，从而增大了分离工段的分离任务，造成高能耗。本节提出了苯与丙烯合成异丙苯工艺的优化方案：在分离工段的二异丙苯塔下部增加一个侧线采出，以回收重芳烃三异丙苯，达到节能降耗的目的；采用泡点反应器代替原固定床反应器进行苯丙烯烷基化反应；同时采用泡点反应器和增加二异丙苯塔下部侧线采出的方法合成异丙苯；采用固定床催化精馏塔合成异丙苯。

符号说明

c	摩尔浓度，$mol \cdot L^{-1}$	R	回流比
D	亏缺热量，kW (3.1)	R	摩尔气体常数，$8.314 J \cdot mol^{-1} \cdot K^{-1}$ (3.9)
D	塔顶采出量，$kg \cdot h^{-1}$	r	反应速率，$kmol \cdot kg^{-1} \cdot s^{-1}$
FC_p	热容流率，$kW \cdot K^{-1}$ 或 $kW \cdot ℃^{-1}$	S	选择性
F	流量，$kg \cdot h^{-1}$ 或 $kmol \cdot h^{-1}$	T	温度，K 或 ℃
f	逸度，Pa	U	换热单元数
H	焓，$J \cdot s^{-1}$ 或 kW	W	塔釜采出量，$kg \cdot h^{-1}$
H	饱和蒸气的摩尔焓，$J \cdot mol^{-1}$ (3.2)	w	质量分数
h	饱和液体的摩尔焓，$J \cdot mol^{-1}$ (3.2)	V	气相流量，$kg \cdot h^{-1}$
h	物质的摩尔焓，$J \cdot mol^{-1}$	V	体积，m^3 (3.8)
I	输入热量，kW	x	液相摩尔分数
k	相互作用参数	y	气相摩尔分数
K	平衡常数	Z	压缩因子
L	液相流量，$kg \cdot h^{-1}$	Δ	差值
N	物流数 (3.1)	α	相对挥发度（分离因子）
N	效数 (3.2.2)	γ	活度系数
N	精馏塔理论塔板数	η	节能效率
p	压力，Pa	$\hat{\varphi}$	逸度系数
P	压力，Pa	上标	
Q	热量，$J \cdot s^{-1}$ 或 kW	0	标准
q	物料热状态参数	L	液相

V	气相	E	能量最优
∞	无限稀释	H	热物流
下标		min	最小
b	沸点	opt	最优
C	冷物流	r	对比
c	临界	THR	阈值
D	塔顶	W	塔釜

思 考 题

1. 使用夹点技术具有什么重要意义？

2. 试说明夹点的意义。

3. 为什么夹点之下的冷物流数目 N_C 应不大于热物流数目 N_H？

4. 什么是阈值问题？请你描述一下。

5. 多效并流精馏具有什么优缺点？

6. 什么情况下适合采用多效平流流程？

7. 为什么多效精馏效数很少超过三？

8. 使用热偶精馏有什么限制条件？

9. 热泵精馏具有什么优点？

10. 蒸气喷射式热泵精馏适用于什么情况？

11. 共沸精馏适用于什么情况？

12. 共沸精馏共沸剂起到什么作用？

13. 理想的共沸剂应该具备哪些特性？

14. 萃取精馏适用于什么分离体系？

15. 萃取精馏相对于共沸精馏具有什么优点？

16. 溶盐萃取精馏具有什么优缺点？

17. 反应精馏具有什么优点？

18. 悬浮床催化精馏技术适用于哪些分离情况？

19. 离子液体相比于传统溶剂具有什么优点？

20. 用 1-乙基-3-甲基咪唑四氟硼酸盐作为分离剂分离乙酸乙酯-乙醇体系时，离子液体的浓度是否越高越好？

21. 试着说明膜分离法的原理。

22. 为什么对于多数具有相同阴离子的离子液体，CO_2 在其中的溶解度随着阳离子上烷基链长度的增加而增加？试着说说你的理解。

计 算 题

1. 某一换热系统的工艺物流为两股热流和两股冷流，物流参数如表 3-23 所示。取冷热流体之间的最小传热温差为 10℃，试着划分其温度区间。

2. 在一换热系统中工艺物流分为两股热流和两股冷流，物流的具体参数如表 3-24 所示。取冷热流体之间的最小传热温差为 10℃，用问题表法确定该换热系统的夹点位置以及最小加热公用工程用量和最小冷却公用工程用量。

表 3-23 物流参数 (一)

物流编号和类型		热容流率 FC_p/(kW·℃$^{-1}$)	供应温度/℃	目标温度/℃
1	热物流	1.5	190	40
2	热物流	6.5	145	30
3	冷物流	3.0	20	105
4	冷物流	2.4	70	170

表 3-24 物流参数 (二)

物流编号和类型		热容流率 FC_p/(kW·℃$^{-1}$)	供应温度/℃	目标温度/℃
1	热物流	2.0	180	35
2	热物流	3.5	155	30
3	冷物流	3.0	50	160
4	冷物流	2.8	20	90

第4章 化工节能的新设备

4.1 新型塔板技术

在分离过程中，常见到高黏度、易自聚和含固体颗粒等特殊物料的分离问题。这类物料在传统的筛板、浮阀塔板上流动非常困难，易造成堵塔、液泛和雾沫夹带，降低了塔板效率和产品质量，增加了操作回流比和能耗。

北京化工大学研发了大孔径高效导向筛板技术（筛孔 $\Phi 10 \sim 15$mm）。提出了"定向推动"的设计构思，即在塔板上按需要开设一部分密度、尺寸和方向都可以不同的导向孔，从导向孔中水平喷出的气体将动量传递给塔板上的液体，与液体克服前进阻力所需要的动量相等。根据这一技术原理，导向孔中喷出的气体均匀稳定地推动塔板上的物料前进并接近于活塞流，而气相在全塔截面上则能均匀分布，克服了液面梯度、液相返混及由此带来的诸多弊端。传统塔板和高效导向筛板的液面梯度对比见图 4-1。此外，在塔板的上游区域开设了向上凸起的鼓泡促进器，以诱导液体刚进入本层塔板即出现大量鼓泡；在溢流堰的两端开设缺口，强化了塔板两侧的液体流动，提高了塔板效率，强化了传质分离过程。这种塔板具有生产能力大、效率高、结构简单、造价低廉、维修方便等特点，成功地解决了易自聚和含固体颗粒物料精馏时易堵塔和液泛等弊端，同时大幅度提高了生产能力和分离效率。经优化设计后高效导向筛板的结构示意图如图 4-2 所示，塔板上导向孔分布及尺寸如图 4-3 所示。

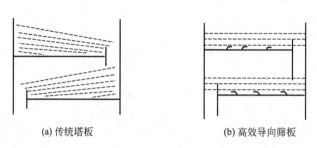

(a) 传统塔板　　　　　　　　(b) 高效导向筛板

图 4-1　传统塔板和高效导向筛板的液面梯度

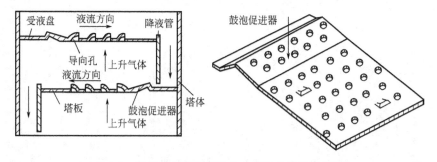

图 4-2　经优化设计后高效导向筛板的结构示意图

图 4-4 给出了高效导向筛板的板效率 η 和生产能力（以空板气相动能因子 F 表示）与浮阀塔的实验数据比较。可以看出，F 在 $1.7 \sim 2.4$ 之间时，高效导向筛板的平均板效率比浮阀塔板高出 $20\% \sim 30\%$，尤其是在大负荷时甚至能高出 40%。高效导向筛板在高负荷时

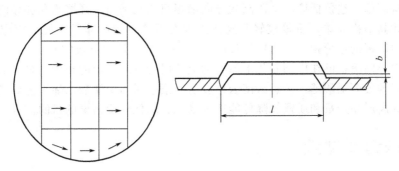

图 4-3　塔板上导向孔分布及尺寸

较浮阀塔板更具优势，高效导向筛板塔的生产能力较浮阀塔能高出 30％～50％。若以板效率下降 15％作为正常操作区，则高效导向筛板与浮阀塔板操作弹性相近。

　　高效导向筛板技术可以人为地控制和强化塔板上流体流动，具有如下特点。

　　（1）生产能力大

　　① 克服了液流上游存在的非活化区，使得气流通道增加了 1/3 以上。

　　② 消除了液面梯度，使得气速均匀。在传统塔板上，上游液层厚而下游液层薄，下游液层较薄处气速较大，该处液层被吹开时，即达

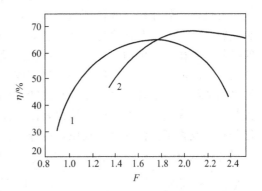

图 4-4　高效导向筛板与浮阀塔板效率比较
1—浮阀塔；2—导向筛板

到了生产能力的最大值；而高效导向筛板的整个塔截面上气速均匀，即全塔平均气速达到最大时，才是生产能力的最大值。

　　③ 从筛孔中上升的气体是垂直向上的，从导向孔中上升的气体是水平向前的，气体的合成速度是斜向上方的。这样既延长了气体夹带雾滴的运动轨迹，减小了雾沫夹带，又提高了气速和生产能力。

　　④ 由于高效导向筛板效率高，塔板数与普通塔板相同时回流比可以降低，因此可以提高塔的负荷与生产能力。

　　由于以上原因，高效导向筛板比传统塔板的生产能力高 50％～100％，甚至更多。

　　（2）效率高

　　① 由于克服了非活化区，使得塔板上鼓泡区域增加，增加了气液传质机会，提高了塔板效率。

　　② 液相返混是影响塔板效率的最重要的因素之一。高效导向筛板很好地克服了液相返混，提高了塔板效率。

　　③ 消除了液面梯度，降低了漏液量和雾沫夹带，提高了塔板效率。

　　（3）压降低　与泡罩塔板、浮阀塔板等塔板相比，筛板塔板由于结构简单，气流通道顺畅，因此操作压降最低。实验和生产经验表明，导向孔的阻力降比筛孔的低 20％左右，导向筛板的压降比筛板塔板的低 10％左右。

　　（4）抗堵能力强　由于从导向孔中喷出的气体推动物料在塔板上水平前进，这样可以强化液体在塔板上的流动，对黏性物料，可以多设置导向孔。尤其是对发酵醪的蒸馏、聚合物与单体的分离等，有其独到之处。

（5）结构简单、造价低廉　由于高效导向筛板只是在钢板上开些筛孔和导向孔，而无其他组件，因此其结构简单，重量较轻，这样工人在拆装过程中非常方便。相应的造价也很低，高效导向筛板的造价相当于泡罩塔板的 $40\%\sim50\%$，浮阀塔板的 $60\%\sim70\%$。

目前高效导向筛板已在中国石化上海石油化工股份有限公司的异戊二烯萃取精馏塔、北京东方化工厂的聚丙烯酸酯工艺、云南云维股份有限公司的聚醋酸乙烯工艺等装置上成功应用，达到了提高产品产量和质量、降低能耗和物耗、降低环境污染的目的。

4.2　新型填料技术

在化工分离过程中，提高填料塔的分离效率，可以提高产品质量，降低回流比和能耗，减少有机污染物排放、降低环境污染。常用的填料可分为两大类：散装填料和规整填料。散装填料是具有一定几何尺寸的颗粒体，在塔内以散堆方式堆积。在液-液萃取、液气比很大的吸收和高压精馏的情况下，散装填料的操作性能优于规整填料。但在其他情况下，规整填料更为广泛应用。规整填料是一种具有成块的规整结构，在塔内按均匀几何图形排布、整齐堆砌的填料。与散装填料相比，其独特的优点有：①高空隙率、大通量，适合大规模生产，且几乎无放大效应；②高的传质比表面积提高了分离效率；③规定了气液通道，改善液体均匀分布，改善了沟流和壁流现象，压降小，从而降低能耗。

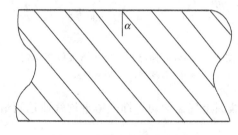

图 4-5　传统填料的波纹结构

传统的波纹填料波纹线为直线，见图 4-5（$\alpha=30$ 或 $45°$），在传统的填料层内，液流沿填料波纹直线流下，在每层填料内，液体流向很难发生变化；在液体向下流动过程中，液膜逐渐老化，此时气液两相间的接触仅仅局限于液膜表面，气液有效接触面积大幅度减少，传质效率降低。对于一般的表面张力和黏度小的有机介质在填料表面很容易润湿成膜，但是对于像甘油、水等表面张力大的物系，液体往往以液珠形式存在，从填料表面迅速滚下，气液有效接触面积减小，传质效率降低。

针对这些缺点，为了提高填料的分离效率，强化分离过程，根据填料塔内流体力学和传质学的规律，北京化工大学研究开发了新型高效填料，其基本结构为：填料波纹呈折线式变化，见图 4-6（$\alpha_1=30°$，$\alpha_2=45°$或 $\alpha_1=45°$，$\alpha_2=30°$）。液膜流向在波纹线与折线交点处发生变化，流动的液膜发生扰动；气体向上流动时，亦发生同样情况。此时，流体层流底层和流动边界层减薄，传质阻力减小，并且在拐点处由于流体流向发生变化，增加了液膜表面更新的机会，提高了扩散速率，强化了气液传质过程。

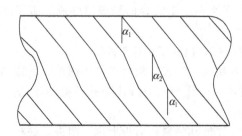

图 4-6　BH 高效填料折线式结构

此外，为了提高填料表面的润湿能力，改善液体在填料表面的成膜性，对填料进行了表面物理和化学粗糙化处理，它可使液体容易成膜，增大有效传质面积。进而开发出由双层或多层丝网组成的填料，液体的流动由一维变成三维，从而大大提高了填料的液膜面积。根据强化传质分离效率的途径与方法，还研制了高比表面积、表面进行粗糙化处理的双层丝网 BH 型高效填料。该填料波纹线呈折线方式，比表面积达到 $2500 \mathrm{m}^2 \cdot \mathrm{m}^{-3}$，用金属丝网制成，波纹折线与水平轴的夹角呈一定角度变化，丝网波纹的波高和波纹间距都很小。据测定，该填料的分离效率每米可以达到 12 块理论板，在目前已问世的填料中效率是极高的。该技术适用于面向节能减排的废水、废气处理和高纯物分离。例如，北京有机化工厂醇解车间尾气排放化学物质含量较高，此前国内最好水平是尾气中排放的甲醇、醋酸甲酯等化学物质质量分数为 $1\% \sim 3\%$。采用本技术后，将二者的含量降到 100×10^{-6} 以下，在回收甲醇和醋酸甲酯的同时，大幅度减少了化学物料的排放。

4.3 整体式结构化催化剂技术

按结构化催化剂与反应器系列国际会议（ICOSCAR）对整体式结构化催化剂的分类，主要包括蜂窝整体式、开放错流结构、膜结构和发泡结构四种类型。其中研究最多的是蜂窝整体式和开放错流结构。

4.3.1 开放错流结构化催化剂

在 BH 型高效填料的基础上，北京化工大学进一步开发出了具有开放错流结构的 BH 型整体式结构化催化剂（ZL 2007 1 0062948. X），用于反应/分离耦合过程强化，见图 4-7。其结构特征是：垂直的金属板波纹或丝网波纹片 [图 4-7(a) 中所示 OC 部分] 与独立的多孔催化剂捆包 [图 4-7(a) 中所示 CB 部分] 交错排列，组成具有低高径比、扁平盘状的分离与反应复合功能的整体式结构化催化剂，其中分离区与反应区所占比例可调。

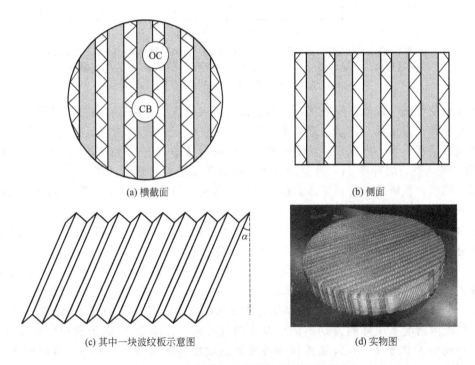

(a) 横截面　　　　　　　　　　　　　　(b) 侧面

(c) 其中一块波纹板示意图　　　　　　　(d) 实物图

图 4-7　BH 型整体式结构化催化剂示意图

BH 型整体式结构化催化剂与 KATAPAK 型商业化填料不同之处在于：①低的高径比使得塔内的上升气体与下降液体在有如"Z"形的通道内流动，流动的方向不断改变，从而增加了气-液相际接触面积；②在两个相邻的多孔金属催化剂捆包内有一个 X 型的双层金属丝网波纹，强化了液体在丝网波纹片上的均布，特别是在低喷淋密度时，能否保证液体在丝网片上均布成膜；③多孔金属催化剂捆包有较高的有效因子。在反应器的横截面方向，相邻波纹结构的 BH 型整体式结构化催化剂是成 90°相互交错排列的，这样有利于流体均匀分布，以避免沟流。

4.3.1.1 BH 型整体式结构化催化剂流体力学和传质性能

测定 BH 型整体式结构化催化剂流体力学和传质性能的冷模实验是在 Φ500mm 的有机玻璃实验塔中进行的。以空气-水物系作为工作介质，填料层高 1m，采用多孔排管式液体分布器（喷淋点密度 335 个/m^2），保证了液体的初始分布均匀。冷模实验流程图如图 4-8 所示。

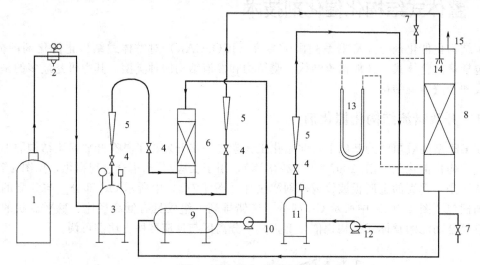

图 4-8 冷模实验流程图

1—氧气瓶；2—氧气压力调节器；3—氧气缓冲罐；4—流量调节阀；5—转子流量计；
6—吸收塔；7—取样阀；8—冷模实验塔；9—水箱；10—水泵；11—空气缓冲罐；
12—风机；13—U 型压差计；14—液体分布器；15—排空

氧气由氧气瓶 1 供给，经氧气压力调节器 2 进入氧气缓冲罐 3。流量调节阀 4 调节氧气流量，并经转子流量计 5 计量，进入吸收塔 6。自来水经水泵 10 进入吸收塔 6，吸收从塔底进入的氧形成富氧水，富氧水经转子流量计 5 计量后从塔顶进入冷模实验塔 8。空气由风机 12 供给，进入空气缓冲罐 11，流量调节阀 4 调节其流量并由转子流量计 5 计量后通入冷模实验塔 8 塔底，在塔内与塔顶喷淋的富氧水进行接触，解吸富氧水，解吸后的尾气由塔顶排出，贫氧水由塔底排出。

通常采用固定喷淋密度改变气速的实验方法。首先，测量干填料压降，然后进行预液泛。充分润湿结构化催化剂床层后，固定喷淋密度，调节气速测定填料塔的压降直到过液泛点为止。压降数据由结构化催化剂床层的 U 型管水柱压差计测得（见图 4-9），结构化催化剂的传质性能数据由溶氧仪测得（见图 4-10）。

图 4-9 说明在低气速下，整体式结构化催化剂的压降随 F 因子的增加而缓慢增大，且在不同液体喷淋密度下压降的差别不大；但在高气速时，压降随 F 因子的增加而迅速增大，同时在相同的 F 因子下，压降随液体喷淋密度的增加而明显增大。另外，传统固体催化剂颗粒的压降比 BH 型整体式结构化催化剂高 1~2 个数量级。

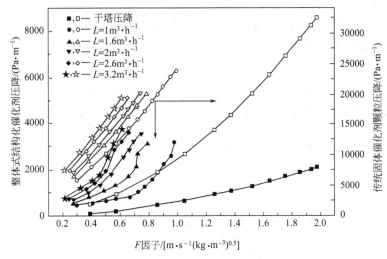

图 4-9　压降随气体 F 因子的变化关系

（实心点：整体式结构化催化剂的压降；空心点：传统固体催化剂颗粒的压降）

图 4-10 说明在给定的液体喷淋密度下，液相传质系数 K_La 随 F 因子的增加而降低；在给定的 F 因子下，液相传质系数 K_La 随液体喷淋密度的增加而增大。另外，整体式结构化催化剂的传质系数 K_La 小于传统固体催化剂颗粒，但处于同一数量级。这说明，与传统固体催化剂颗粒相比，整体式结构化催化剂的最大优点体现在低压降，而不是体现在高传质性能上。

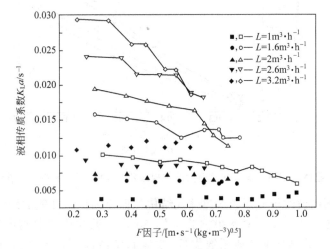

图 4-10　液相传质系数随气体 F 因子的变化关系

（实心点：整体式结构化催化剂的液相传质系数；

空心点：传统固体催化剂颗粒的液相传质系数）

4.3.1.2　BH 型整体式结构化催化剂的几何结构对其流体力学和传质性能的影响

采用流体力学软件 Fluent 对 BH 型整体式结构化催化剂的流体力学和传质性能进行模拟计算，分别考察波纹板倾角、高径比和反应/分离区域面积比等几何结构参数对其影响。

（1）BH 型整体式结构化催化剂的波纹板倾角对压降和传质性能的影响　与传统的波纹板倾角（与垂直方向夹角）30°或 45°不同，提出了两种新型的折线式结构（45°-30°-45°和30°-45°-30°）。如图 4-6 所示，上面 1/3 和下面 1/3 层填料倾角相同，中间部分不同，不同倾角之间平滑过渡。

图 4-11 表示不同波纹板倾斜角（30°，45°，两种折线式结构 30°-45°-30°和 45°-30°-45°）对整体式结构化催化剂压降的影响。干塔压降和湿塔压降体现出相同的变化规律，即单位长度压降从小到大依次为 30°＜30°-45°-30°＜45°-30°-45°＜45°。

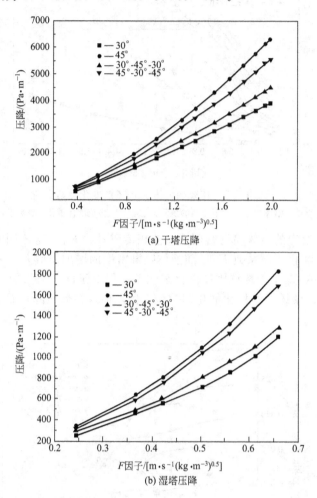

图 4-11 整体式结构化催化剂填料的波纹板倾角对压降的影响（$L=2.6m^3 \cdot h^{-1}$）

图 4-12 表示不同波纹板倾斜角对整体式结构化催化剂传质性能的影响。传质系数 K_La 从大到小依次为 45°＞45°-30°-45°＞30°-45°-30°＞30°，可见高传质性能将意味着高的压力损失。但是，两种折线式结构的传质系数靠近 45°倾斜角结构，而 45°倾斜角结构的压降却较大。因此，采用波纹板倾斜角折线式结构的整体式结构化催化剂具有较低的压降和较高的传质系数。

（2）BH 型整体式结构化催化剂的高径比对压降和传质性能的影响　图 4-13 表示整体式结构化催化剂的高径比对压降的影响，其中保持直径（$\Phi500mm$）不变，选择三个不同高度（0.10m、0.15m 和 0.20m）。由图可知，0.20m 的单位长度的干塔压降略高于其他两种；单位长度的湿塔压降从小到大依次为 0.20m＜0.15m＜0.10m。图 4-14 表示整体式结构化催化剂的高径比对传质性能的影响。液相传质系数 K_La 从大到小依次为 0.10m＞0.15m＞0.20m。因此，低高径比的整体式结构化催化剂具有较高的传质性能，但同时压降也偏高。

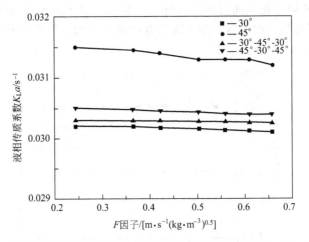

图 4-12　整体式结构化催化剂填料的波纹板倾角对传质性能的影响（$L=2.6\text{m}^3 \cdot \text{h}^{-1}$）

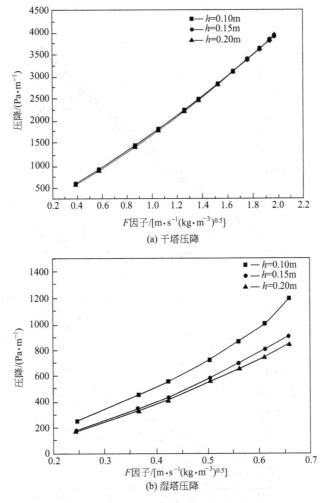

(a) 干塔压降

(b) 湿塔压降

图 4-13　整体式结构化催化剂的高径比对压降的影响（$L=2.6\text{m}^3 \cdot \text{h}^{-1}$）

（3）BH 型整体式结构化催化剂的反应/分离区域面积比对压降和传质性能的影响　图 4-15 表示整体式结构化催化剂的反应/分离区域面积比对压降的影响。其中保持分离区域面积不变，选择三个不同催化剂捆包厚度（6mm、10mm 和 14mm）。由图可知，在所考察的范围内，反应/分离区域面积比对干塔压降没有明显的影响，但单位长度的湿塔压降从小到大依次为 6mm＜10mm＜14mm。

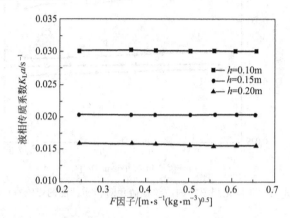

图 4-14　整体式结构化催化剂的高径比对传质性能的影响（$L=2.6 \mathrm{m}^3 \cdot \mathrm{h}^{-1}$）

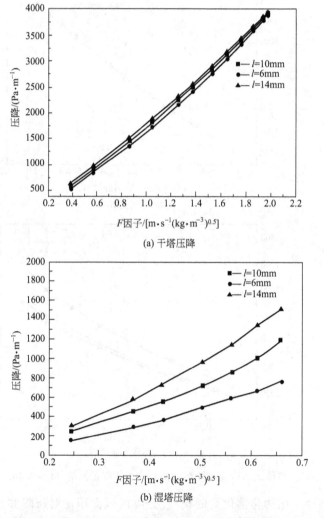

(a) 干塔压降

(b) 湿塔压降

图 4-15　整体式结构化催化剂的反应/分离区域面积比对压降的影响（$L=2.6 \mathrm{m}^3 \cdot \mathrm{h}^{-1}$）

图 4-16 表示整体式结构化催化剂的反应/分离区域面积比对传质性能的影响。液相传质系数 K_La 从大到小依次为 6mm＞10mm＞14mm。因此，低反应/分离区域面积比的整体式结构化催化剂既具有较高的传质性能，又具有较低的压降，但反应区域面积的降低可能会影响反应性能。

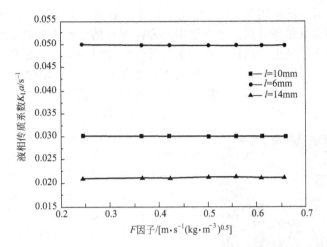

图 4-16　整体式结构化催化剂的反应/分离区域面积比对传质性能的影响（$L=2.6m^3 \cdot h^{-1}$）

4.3.2　蜂窝整体式结构化催化剂

由于蜂窝整体式结构化催化剂具有压降低、传递性能好和易于过程放大的特点，发明后最早被用于火电厂烟气 NO_x 脱除及发动机尾气污染物转化治理。以燃煤烟气选择性催化还原（SCR）为例，商业用的 SCR 催化剂有三种类型：板式、蜂窝式和波纹板式。由于燃煤烟气中含有大量的飞灰，会使催化剂发生磨损和中毒，所以整体式催化剂除了满足活性、选择性要求之外，必须根据实际应用考虑到机械强度、耐磨性和抗中毒性能等方面影响。表 4-1介绍了三种蜂窝整体式结构化催化剂的特点和应用范围等。

表 4-1　三种蜂窝整体式结构化催化剂的比较

	蜂窝式	波纹板式	板式
类型			
系统	陶制均匀,整体充满活性组分	波纹状纤维为载体,表面涂有活性组分	以金属基为载体,表面涂有活性组分
特点	表面积大,活性高,催化剂体积小,开孔率小;催化剂再生也能保持高活性	表面积介于其他两种之间,重量轻;烟气流动敏感,模块之间易堵塞;自动化程度较高	表面积小;开口面积最大,最有利于飞灰通过;采用金属筛板作为担体,机械强度好;生产简便,自动化程度高
适用场合	在高灰和低灰情况均可应用	用于低灰脱硝,在灰含量较低时的燃油和燃气脱硝中有较多应用	燃煤高灰 SCR 脱硝场合

蜂窝整体式结构化催化剂区别于其他催化剂的优势已逐渐引起学术界的广泛关注，它可

以在高灰、低灰的情况下使用。目前，这一技术已在很多场合中使用，例如在粉尘的过滤、工业废气和汽车尾气的净化、污水处理、石化的精炼过程、金属液体的过滤等方面都开始使用。下面主要介绍两类常见的蜂窝整体式结构化催化剂。

（1）蜂窝陶瓷基催化剂　20世纪60年代，陶瓷蜂窝载体应时而生，由最早使用在小型汽车尾气净化到今天广泛应用在化工、电力、冶金、石油、电子电器、机械等工业中，应用越来越广泛，发展前景相当可观。早期使用的蜂窝陶瓷的原料主要是高岭土、滑石、铝粉、黏土等，而如今由于硅藻土、沸石、膨胀土以及耐火材料的应用，蜂窝陶瓷应用日益广泛，性能越来越好。在实际应用中，陶瓷蜂窝载体的比表面积较小，催化反应的效率不高，为了提高其效率，则要求在载体表面涂覆一层大比表面积的涂层，一般占载体质量的5%～15%。可用的涂层材料主要有活性氧化铝、氧化硅和沸石等，其中活性氧化铝以它独特的性能应用最为广泛，是最主要的涂层材料。在蜂窝整体式结构化催化剂中，陶瓷蜂窝载体只是一个间接的支撑体，涂层才是催化活性成分的真实载体，又称为陶瓷蜂窝载体催化剂的"第二载体"。目前，世界范围内生产蜂窝载体的规模最大的厂家是康宁公司，总部在美国，生产的载体的孔密度大多是100～400 孔/in^2（1in^2=6.4516×10^{-4} m^2），公司会根据不同的需求选择不同材质和孔型。我国在20世纪80年代中期也开始开发和研制蜂窝陶瓷，并且已经形成了一定的生产规模和网点。图 4-17 是常见蜂窝陶瓷的外观图，孔道选取的是方形。

图 4-17　常见蜂窝陶瓷的外观图

（2）蜂窝状活性炭　蜂窝状活性炭的研制，最早见于日本的报道。它具有开孔率高、气体分布均匀、几何表面积更大、扩散路程短、耐磨损、抗粉尘污染能力强等优点，与其他类型的活性炭相比，蜂窝状活性炭的最大优点在于压力损失小。文献 [64] 简要介绍了蜂窝状活性炭的结构特性和吸附性能，重点总结了蜂窝状活性炭基催化剂的制备方法及其在催化方面的应用。关于蜂窝活性炭的应用有吸附和催化两个方面。蜂窝活性炭在 NO$_x$、SO$_2$ 去除方面的研究与应用情况已经展现出良好的效果。目前，国内关于蜂窝活性炭的研究报道相对较少，随着人们对其结构和性能的认识和研究的不断深入，蜂窝活性炭材料必将得到大力的推广和应用。

4.3.3　蜂窝整体式结构化催化剂应用实例1——选择性催化还原烟气脱硝

本节中，将针对烟气脱硝催化还原 SCR 反应建立综合的传递过程模型，其中涉及物性（密度、黏度等）变化的效应。通过采用数值方法求解模型，可以详细考察伴有化学反应条件下系统的动量、热量和质量传递特性。这相当于将物理对象转化为数值的或计算机模型，据此通过数值试验推演系统的行为和特性。

针对两种蜂窝整体式结构化催化剂（挤出型和表面涂层型），采用计算流体力学（computational fluid dynamics，CFD）方法，考察在选择性催化还原法（selected catalystic reduction，SCR）脱除 NO$_x$ 的反应条件下，体系的传递（动量、热量和质量传递）和反应特性，并与装填散装固体催化剂的固定床反应器对比，为蜂窝整体式结构化催化剂的选型、设计及放大提供化学工程学基础。

4.3.3.1　物理模型和假设

因为 SCR 整体催化剂是由很多规整、重复、相互分隔的单个通道（尺度 6mm，圆形、正方形等）构成的整块陶瓷、金属或董青石载体（见图 4-18），所以假设气体分布是一致的，那么基于单通道的数学模型可应用于整体反应器。对于 SCR 反应有两种类型的整体催化剂：一种是涂层型催化剂，其中催化活性物质 CuO 分散在涂层 γ-Al_2O_3 内部然后涂覆在董青石载体表面；另一种是催化活性物质 CuO 分散在涂层 γ-Al_2O_3 内部然后包含在整个载体物质中间的挤出型催化剂。气体反应物经预分布后流过通道，在固体催化剂的作用下实现化学转化，将有害的氮氧化物变为无害的氮气和水。

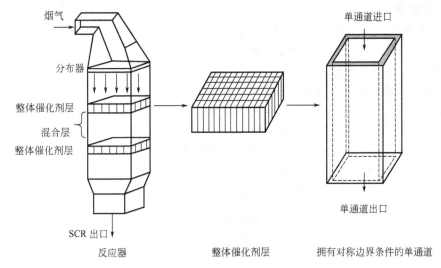

图 4-18　SCR 反应器及单通道

选取 NO 与 NH_3 的反应为目标反应，反应式为

$$4NO+4NH_3+O_2 \longrightarrow 4N_2+6H_2O$$

假定流体在反应器进料截面上均匀分布，每一个通道的传递和反应特性是一样的，故可以取整体的一个单通道作为模拟对象。为了研究通道截面形状对传递性能的影响，可将通道的截面形状分为正方形、矩形、圆形、正三角形和正六边形。对于单一反应管道，做如下假设：

① 涂层型催化剂的通道壁表面或挤出型催化剂的壁内发生反应，在考察的温度范围内可以忽略气相主体中的均相反应。

② 流动和反应过程均为定态，并且由于通道截面很小，其中的流动可以认为是层流。

4.3.3.2　控制方程

首先，对反应管内动量传递或流场、热量传递和质量传递的描述基于混合物的连续性方程、运动微分方程、能量方程和组分 i 的传质微分方程。在定态、层流下，简化可得如下方程。

气相：

连续性方程　　　　　　　$\nabla \cdot (\rho u)=0$　　　　　　　　　　　　　　　(4-1)

动量平衡方程　　　　　　$\nabla \cdot (\rho u \times u)=-\nabla P+\{\mu[\nabla \mu+(\nabla \mu)^T]\}$　　　(4-2)

能量平衡方程　　　　　　$\nabla \cdot (\rho c_g u T)=\nabla \cdot (\lambda_g \nabla T)+S_T$　　　　　(4-3)

组分 i 的质量平衡方程　$\nabla \cdot (\rho u w_i)=\nabla \cdot (\rho D_{im} \nabla w_i)+S_i$　　　(4-4)

式中，S_T、S_i 分别表示能量平衡方程和质量平衡方程的源汇项。

固相：

能量平衡方程　　　　　　$\nabla \cdot \left(\dfrac{\lambda_s}{c_s} \nabla T\right)=0$　　　　　　　　　(4-5)

对于挤出型催化剂和涂层厚度大于 0.1mm 的涂层型催化剂，在催化反应区域应当考虑内扩散效应。因此，应当选用多孔介质模型，并在标准流动方程中增加动量源项 S。在层流流动中源项 S 的定义如下：

$$S = -\frac{\mu}{a}\vec{u} \tag{4-6}$$

式中，a 是渗透率，$\vec{u}$ 是速度矢量。

4.3.3.3 定解条件

（1）边界条件　假定求解守恒方程的边界条件为：

① 通道入口处气体的速度、温度和浓度均一；

② 通道出口处为常压；

③ 通道的外壁面为对称边界，内壁面无滑移；

④ 入口和出口处的固体边壁为轴向绝热；

⑤ 均一反应，忽略主体相中的热辐射；

⑥ 多孔介质为均一、各向同性的，内部充满气相流体。

（2）反应速率方程　根据 Eley-Rideal 机理模型，吸附在活性中心上的 NH_3 与在气相中的 NO 发生反应，其动力学关系式可表示为：

$$R_{NO} = k_{NO} C_{NO} \frac{K_{NH_3} C_{NH_3}}{1 + K_{NH_3} C_{NH_3}} \tag{4-7}$$

$$k_{NO} = 2.94 \times 10^9 \exp\left(\frac{-105790}{RT}\right) \ (cm^3 \cdot g^{-1} \cdot s^{-1}) \tag{4-8}$$

$$K_{NH_3} = 9.24 \exp\left(\frac{87900}{RT}\right) \ (cm^3 \cdot mol^{-1}) \tag{4-9}$$

式中，k_{NO} 是反应速率常数；K_{NH_3} 是吸附平衡常数；C_{NO} 和 C_{NH_3} 分别是 NO 和 NH_3 的分子浓度。如果 NH_3 的量充足，则 NH_3 的反应级数为 0，NO 的反应级数为 1。一级反应速率形式为：

$$R_{NO} = K'_{NO} C_{NO} \tag{4-10}$$

$$k'_{NO} = 1.3221 \times 10^9 \exp\left(\frac{-94010}{RT}\right) \tag{4-11}$$

式中，k'_{NO} 是特定的反应速率常数。

4.3.3.4 数值模拟结果与讨论

一般而言，影响反应通道中同时进行的动量、热量、质量及反应过程的因素包括：操作条件，如进料速度及分布、浓度、温度等；几何条件，如通道截面形状等。这些因素通过复杂的方式影响反应通道内的速度分布、温度分布及浓度分布。同时在已知三场分布的条件下，对作为导出量的对流传递系数，即压降、与温度分布有关的努赛尔特数以及与浓度分布有关的施伍德数的影响因素加以考察。

（1）压降　表 4-2 列出了拥有相同面积、壁厚和高度的五种形状整体催化剂的结构和操作参数。此外，挤出型催化剂的其他结构参数为：多孔介质层的空隙率 0.4、有效导热系数 $8.374W \cdot m^{-1} \cdot K^{-1}$、渗透率 $3.22667 \times 10^{-11} m^2$。五种蜂窝整体式结构化催化剂的通道结构（方形、圆形、正三角形、长方形和正六边形），如图 4-19 所示。

表 4-2　五种形状堇青石基整体催化剂的结构和操作参数

项目	圆形	正三角形	方形	矩形	正六边形
载体	堇青石	堇青石	堇青石	堇青石	堇青石
有效热导率/$(W \cdot m^{-1} \cdot k^{-1})$	3.2	3.2	3.2	3.2	3.2
催化剂高度/m	0.8	0.8	0.8	0.8	0.8
单元面积/mm^2	49	49	49	49	49
壁厚/mm	1.0	1.0	1.0	1.0	1.0
通道的当量直径/mm	6	5.14	6	5.81	6.52
通道的边长/mm	6	8.91	6	7.57×4.72	3.77
通道的流通面积/mm^2	28.27	34.34	36	35.71	36.84
流体介质	N₂				
进口气体组成(体积分数)/%	H₂O 10%，O₂ 2%，NH₃ 0.045%，NO 0.05%，N₂ 87.905%				
流量/$(ml \cdot s^{-1})$	113~737	113~737	113~737	113~737	113~737
进口气体温度/K	650	650	650	650	650

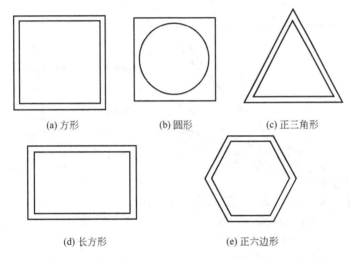

(a) 方形　　　(b) 圆形　　　(c) 正三角形

(d) 长方形　　　(e) 正六边形

图 4-19　五种蜂窝整体式结构化催化剂的通道结构（相同的重复单元面积和壁厚）

　　图 4-20 显示了在整体催化剂进出口之间的压降变化，以及在相同操作条件下球形催化剂颗粒直径为 2.54mm 的填充床反应器的压降变化。很明显，在填充床反应器中的压降比在整体催化剂中的压降大 3 个数量级。从图中也可以看出在给定的进口气体流量下，涂层和挤出型催化剂压降的大小顺序都为圆形＞正三角形＞矩形＞方形＞正六边形。然而，这与整体通道流通面积的大小顺序正好相反。也就是说，整体催化剂通道的流通面积越小，压降就会变得越大。此外，通过比较图 4-20(a) 和（b）得到涂层型催化剂的压降比挤出型催化剂的压降小，而涂层型催化剂中正六边形的压降是最小的。值得注意的是所有的比较都是以进口气体流量为横坐标的，这可以反映工业 SCR 反应器的生产能力。

　　（2）径向有效热导率　用来评估反应器径向热传递行为的径向有效导热系数可通过反应器的温度分布来得到。有效径向热导率 λ_{er} 与气相热导率 λ_g 的比率可以表达成雷诺数 Re 和普朗特常数 Pr 乘积的表达式。方程如下：

$$Re = \frac{\rho d_e u}{\mu} \tag{4-12}$$

$$Pr = \frac{c_p \mu}{\lambda} \tag{4-13}$$

$$\frac{\lambda_{er}}{\lambda_g} = a + b \ (Re \cdot Pr) \tag{4-14}$$

式中，d_e 是通道的当量直径；c_p 是定压比热容；a 和 b 是常数。

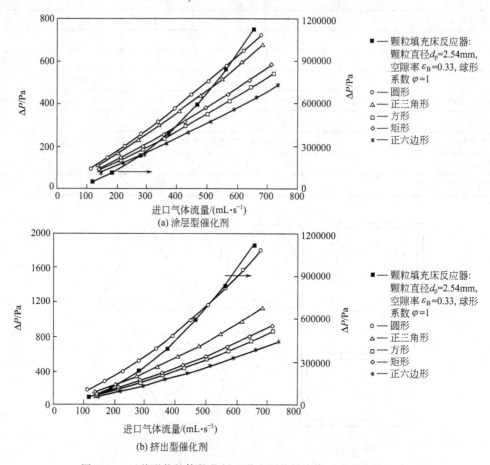

图 4-20　五种形状整体催化剂通道和颗粒填充床反应器中的压降

方程(4-14) 右边的第一项代表静态热传递例如导热和辐射，而另一项则代表对流对传热的影响。

对于整体催化剂的一系列 λ_{er} 值可以用 λ_{er}/λ_g 对 $Re \cdot Pr$ 的线性关系来表达。图 4-21 显示了整体催化剂和颗粒填充床反应器的 λ_{er}/λ_g 随 $Re \cdot Pr$ 的变化情况。很明显，在相同的进口气体流量下颗粒填充床反应器的无量纲的有效径向热导率比整体催化剂的大很多。这可以归因于颗粒与流体的拟均相混合物的导热率比单一流体的导热率大很多。此外，颗粒填充床反应的斜率随 $Re \cdot Pr$ 的增加而增大得更快。这表明颗粒填充床反应器的径向热传递主要是导热和对流的方式。另外，整体催化剂的无量纲的有效径向热导率和流体的热导率是同一个数量级的。因此，整体催化剂的径向热传递主要是导热的方式。

对于涂层和挤出型催化剂，在相同的进口气体流量下无量纲的有效径向热导率的大小顺序均为圆形＞正三角形＞矩形＞方形＞正六边形。此外，相对于涂层型催化剂，挤出型催化剂的无量纲的径向热导率随 $Re \cdot Pr$ 的增加而增加得更快。对于两种类型的整体催化剂，圆形通道的无量纲的有效径向热导率是最大的。但是在低 $Re \cdot Pr$ 下，λ_{er}/λ_g（挤出型催化剂圆形通道)$<\lambda_{er}/\lambda_g$（涂层型催化剂圆形通道），而在高 $Re \cdot Pr$ 下则正好相反。

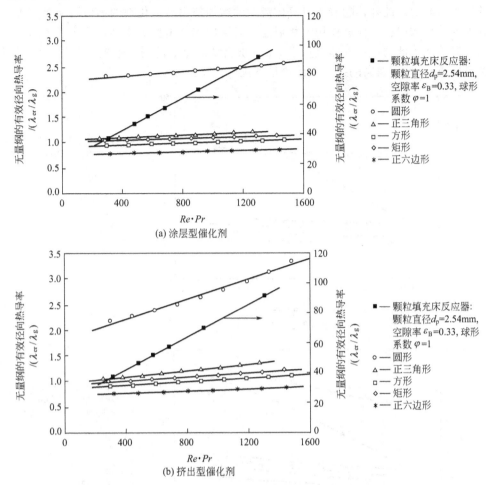

图 4-21　五种形状整体催化剂和颗粒填充床反应器的无量纲的径向有效热导率

（3）努赛尔特数　用来评估整体催化剂热传递行为的全局努赛尔特数的定义如下：

$$Nu = \frac{d_e}{(T_W - \langle T \rangle)} \frac{\partial T}{\partial r}\Big|_{r \rightarrow 气\text{-}固界面} \tag{4-15}$$

式中，T_W 是主体相和催化剂层间的界面温度；主体平均温度 $\langle T \rangle$ 如下：

$$\langle T \rangle = \frac{\int_0^z \int_0^{气\text{-}固界面} u(r,z)\rho C_V T(r,z) r\,\mathrm{d}r\,\mathrm{d}z}{\int_0^z \int_0^{气\text{-}固界面} u(r,z)\rho C_V r\,\mathrm{d}r\,\mathrm{d}z} \tag{4-16}$$

　　整体催化剂中沿轴向方向的局部努赛尔特数也可以通过类似的定义得到。然而，传统颗粒填充床反应器的努赛尔特数通过 J_H 因子的方法计算而得到。图 4-22 显示了努赛尔特数随进口气体流量的增大增加得很慢。但是在相同的进口气体流量下整体催化剂的努赛尔特数比传统颗粒填充床反应器的小很多，这表明传统填充床反应器比董青石整体催化剂的热传递性能好。然而，应当提到的是在某些情况下用金属载体代替董青石载体的话，热传递性能或许会得到提高，甚至会比填充床反应器的更好。对涂层和挤出型催化剂，在相同的进口气体流量下 Nu 的大小顺序为圆形＞矩形＞方形＞正三角形＞正六边形。正三角形和六边形的通道展示了比其他通道较差的热传递性能，这分别是由正三角形通道的锐角和正六边形通道中较多的钝角引起的。此外，随着进口气体流量的增加挤出型催化剂的 Nu 增加得更快，这归因于其中内外扩散的相互促进作用。相似地，对涂层和挤出型催化剂，圆形通道的 Nu 也是最大的。但是在较低的进口气体流量下 Nu（挤出型催化剂的圆形通道）<Nu（涂层型催化剂的圆形通道），然而在高的进口气体流量下正好相反。

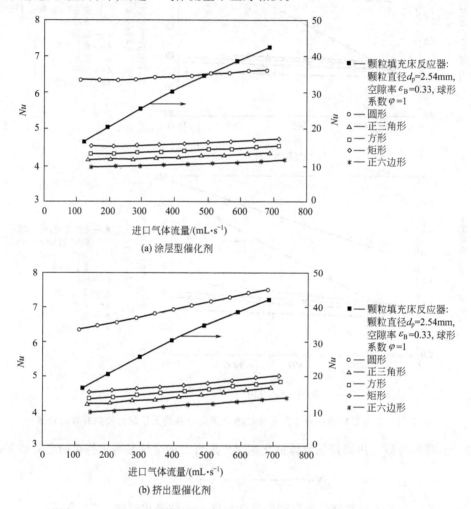

图 4-22　五种形状整体催化剂和颗粒填充床反应器的全局努赛尔特数

另外，图 4-23 显示了涂层和挤出型催化剂方形通道沿轴向方向上局部 Nu 的变化。Nu 在进口附近剧烈地减少，但是在催化剂的后半段趋向于一个渐进值，并且在两种催化剂之间 Nu 的大小几乎没有区别。因此，$DeNO_x$ 反应在整体催化剂通道的前半段可以促进热量传递。

（4）施伍德数　用来评估整体催化剂质量传递行为的外扩散的全局施伍德数 Sh 的定义如下：

$$Sh = \frac{d_e}{(\langle C_{NO}\rangle_W - \langle C_{NOb}\rangle)}\frac{\partial C_{NO}}{\partial r}\Big|_{r\to 气-固界面} \tag{4-17}$$

式中，$\langle C_{NO}\rangle_W$ 是主体相和催化剂层间的界面浓度。

主体相得平均浓度 $\langle C_{NO}\rangle_b$ 如下：

$$\langle C_{\text{NO}}\rangle_{\text{b}} = \frac{\int_0^z \int_0^{\text{气-固界面} } u(r,z) C_{\text{NO}}(r,z) r \mathrm{d}r \mathrm{d}z}{\int_0^z \int_0^{\text{气-固界面} } u(r,z) r \mathrm{d}r \mathrm{d}z} \tag{4-18}$$

整体催化剂中沿轴向方向的局部施伍德数也可以通过类似的定义得到。然而，传统颗粒填充床反应器的施伍德数通过 J_D 因子的方法计算而得到。如图 4-24 所示，全局施伍德数显示了与努赛尔特数相似的趋势。对于 SCR 的脱 NO 反应，整体催化剂在质量传递上并不比传统颗粒填充床反应器优越。对于涂层和挤出型催化剂，施伍德数都随进口气体流量的增加而

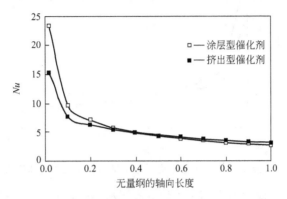

图 4-23　方形整体催化剂通道中无量纲轴向长度上的局部努赛尔特数

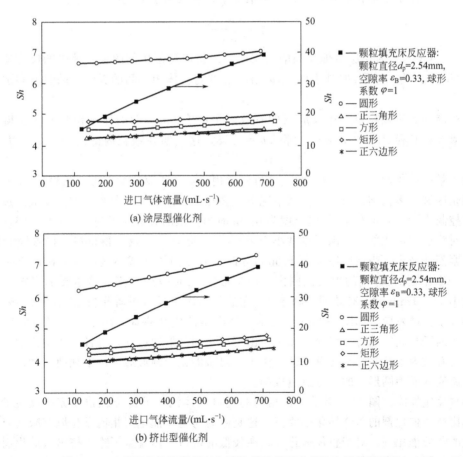

(a) 涂层型催化剂

(b) 挤出型催化剂

图 4-24　五种形状整体催化剂和颗粒填充床反应器的全局施伍德数

缓慢地增大，在一定的进口气体流量下 Sh 的大小顺序为圆形＞矩形＞方形＞正三角形≈正六边形，原因与努赛尔特数的原因相同。此外在较低的进口气体流量下，涂层型催化剂最大的 Sh（圆形）大于挤出型催化剂最大的 Sh（圆形），在较高的进口气体流量下则相反。

图 4-25 显示了涂层和挤出型催化剂方形通道沿轴向方向上局部 Sh 的变化，这与局部 Nu 的变化相似。因此，这表明 DeNO$_x$ 反应不仅促进热传递也促进了质量传递。

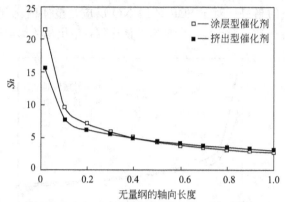

图 4-25　方形整体催化剂通道无量纲轴向长度上的局部施伍德数

（5）有效因子　对于涂层厚度不是很薄的涂层型催化剂和挤出型催化剂，反应发生在多孔催化剂层内而不是催化剂表面。在这种情况下，有效因子 η 的定义如下：

$$\eta = \frac{(R_V)_{\text{act}}}{(R_V)_{\text{surf}}} \tag{4-19}$$

式中，$(R_V)_{\text{act}}$ 为涂层型催化剂的涂层内部或挤出型催化剂的整个壁内的反应速率的平均值；$(R_V)_{\text{surf}}$ 为在涂层/壁外表面（即在涂层/壁与主体相之间的界面）的温度和浓度下的反应速率。

众所周知传统颗粒填充床反应器的有效因子 η 可以由一般的西勒模数的方法得到。例如，如果颗粒直径 $d_p = 2.54\text{mm}$，那么 $\eta = 0.18$，这表明在颗粒内部的内扩散阻力是很严重的。

对于整体催化剂，因为反应发生在涂层/壁内部，所以反应物不得不从涂层/壁外表面扩散到催化区域的多孔结构内。在某些情况下，多孔结构内的内扩散会影响到反应的过程，甚至变成控制步骤。假定在涂层/壁厚度为 0mm 时内扩散的有效因子为 1。从图 4-26(a) 可以看出，对涂层型催化剂，当涂层厚度小于 $100\mu m$ 时有效因子减小得很慢，接着随涂层厚度的增加剧烈地减小。当涂层厚度大于 $600\mu m$ 时，有效因子又减小地很慢并接近于一个稳定值 0.2。因此在涂层厚度的很大范围内，内扩散对 SCR 反应速率有着重要的影响。如果涂层厚度小于 0.1mm 时，有效因子趋于 1。在这种情况下反应可看作仅发生在涂层表面，没有任何分子扩散效应。如图 4-26(b) 所示，挤出型催化剂的有效因子展示了与涂层型催化剂的有效因子相同的趋势。然而，除了挤出型催化剂圆形通道外，两种整体催化剂的其他形状通道的有效因子几乎没有区别。这是由于挤出型催化剂圆形通道的不规则（对称边界为正方形，流通截面为圆形）的壁厚所造成的。

（6）反应性能　图 4-27 显示了在相同的进口气体流量下传统颗粒填充床反应器的 NO 转化率比整体催化剂的 NO 转化率要高。这是因为与整体催化剂相比颗粒填充床反应器装填了大量的颗粒催化剂。对于整体催化剂，在较低的进口气体流量下除了挤出型催化剂圆形通道外其他涂层和挤出型催化剂的所有通道的 NO 转化率基本上一致，在较高的进口气体流量

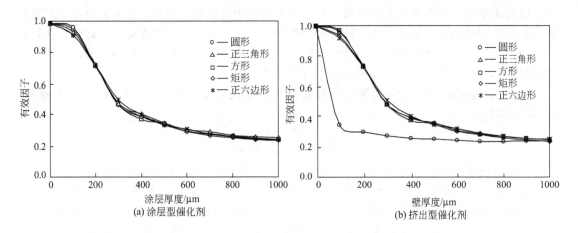

图 4-26 五种形状整体催化剂的涂层/壁厚度对有效因子的影响

（气体进口速度为 $8.0\mathrm{m} \cdot \mathrm{s}^{-1}$）

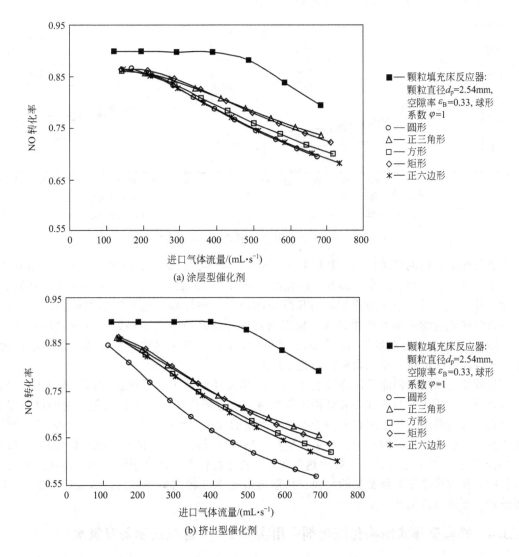

图 4-27 五种形状整体催化剂和颗粒填充床反应器的 NO 转化率

下 NO 转化率的大小顺序为正三角形＞矩形＞方形＞正六边形＞圆形，这与通道截面周边长的大小顺序刚好相反。也就是说，催化剂的担载量越多，NO 转化率就越高。此外，在较高的进口气体流量下，涂层和挤出型催化剂中正三角形通道的 NO 转化率是最大的，并且涂层型催化剂 NO 转化率大于挤出型催化剂 NO 转化率。

DeNO$_x$ 过程是化学反应控制还是外扩散控制取决于 Da 坦克莱（Damkohler）准数，Da 的定义如下：

$$Da = \frac{化学反应速率}{外扩散速率} \tag{4-20}$$

一种情况是化学反应速率无限大，$Da \rightarrow \infty$，这表明是纯粹的物理扩散过程。另一种情况是受慢速动力学限制，$Da \rightarrow 0$，这表明是纯粹的化学过程，外扩散效应可以被忽略。从图 4-28 可以发现对于整体催化剂 Da 准数随进口气体流量的增加而减小，在较大的进口气体流量下远远小于 1。这表明化学反应速率比外扩散对 DeNO$_x$ 过程影响要强很多。因此正三角形通道的 NO 转化率最大要归功于它较多的催化剂担载量。然而圆形通道尽管有着较好的热量和质量传递行为，但其 NO 转化率是最小的。

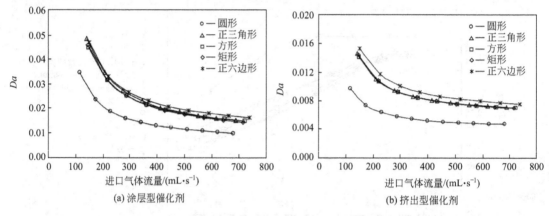

(a) 涂层型催化剂   (b) 挤出型催化剂

图 4-28　五种形状整体催化剂通道的坦克莱准数 Da

通过建立过程的传递模型，利用数值模拟可以考察进料流速、温度和浓度等参数对催化剂通道内动量、热量、质量传递和反应性能的影响。结果表明通道内流速的大小对压降影响较大，并且在较低流速下通道形状对压降影响较小，在较高流速下影响则偏大；Nu 和 Sh 随进口气体流量的增加而缓慢增大，圆形通道的热量和质量传递最好，并通过局部 Nu 和 Sh 得到反应不仅促进热量传递还促进了质量传递；NO 转化率随进口气体流量的增加而减小，在较高气体流量下正三角形的转化率最大。

尽管填充床反应器除了压降和有效因子外其他性能都优于整体催化剂，但不适合 SCR 脱 NO 过程，因为此过程需要较低的压降来避免反应器内堵灰，并且其催化剂的价格很高，而填充床反应器由于较小的有效因子而需要大量的催化剂颗粒，并不经济。此外，对于整体催化剂，涂层型催化剂的动量、热量、质量传递以及反应性能都优于挤出型催化剂，更适合于 SCR 过程。圆形通道拥有较好的热量和质量传递特性而更适合于强放热和强吸热的反应。尽管圆形和方形通道是最常见的，而三角形通道的 NO 转化率却最高，这在以后的 SCR 过程设计中更应值得关注。

4.3.4　蜂窝整体式结构化催化剂应用实例 2——蒽醌法制备双氧水

双氧水是一种强氧化剂，主要作为漂白剂、消毒剂用于环境保护行业。目前生产双氧水的主要方法是蒽醌法，主要包括蒽醌氢化和氢蒽醌氧化两个反应过程，其中蒽醌氢化反应是核心反应，而且蒽醌氢化效率取决于催化剂的选择。目前，工业上主要使用 Pd/Al₂O₃ 颗粒催化剂。由于蒽醌氢化是一个快反应，因此传质在反应过程中占重要比重，但是颗粒催化剂的传质阻力偏大。结构化催化剂具有压降低、传质系数高等优点，能够降低反应的传质阻力，因此将整体式催化剂引入蒽醌氢化体系制备双氧水。

4.3.4.1　Pd 基蜂窝整体式结构化催化剂催化蒽醌加氢

综合考虑结构化催化剂优良的传递性能及 Pd 基催化剂蒽醌氢化特点，提出将 Pd/SiO₂/COR 结构化催化剂应用于蒽醌氢化制备双氧水过程。从催化剂制备及结构表征、催化剂活性评价等方面系统研究结构化催化剂制备双氧水过程中的传递和反应特性，从而为结构化催化剂的工业放大提供科学基础和理论指导。

图 4-29 结果显示，Pd 基蜂窝整体式结构化催化剂催化效率明显高于 Pd 基颗粒催化剂，其优良的催化效率主要归结于结构化催化剂优异的传质性能。

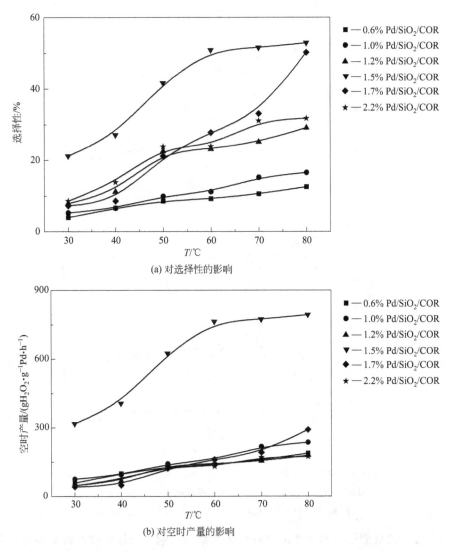

图 4-29　反应温度对选择性和空时产量的影响（反应条件：常压，eAQ 工作液浓度＝60g·L⁻¹，eAQ 工作液流率＝0.7mL·min⁻¹，H₂ 流率＝10mL·min⁻¹）

4.3.4.2 Pd 基复合涂层蜂窝整体式结构化催化剂催化蒽醌加氢

因为 SiO_2 涂层不能为 Pd 活性组分提供充足的活性分散位点，所以，采用新型的涂层（MCM-41、SBA-15、MCM-22、Beta 和 ZIF-8）代替 SiO_2，增加活性组分分散度，提高催化剂活性。实验过程中考察还原条件、涂层厚度、金属负载量和涂层种类对双氧水产量和选择性的影响。

（1）还原条件对催化剂的选择性和双氧水产量的影响　图 4-30 显示在 N_2H_4 和 H_2 共同还原下，0.8% Pd/MCM-41/COR 催化剂表现出最高的选择性和双氧水产量，主要是由于在 N_2H_4 和 H_2 共同还原下，催化剂具有更小的颗粒分布和更均匀的孔径分布（见图 4-31），从而更利于活性组分与反应物充分接触进行化学反应，进而提高双氧水产量。

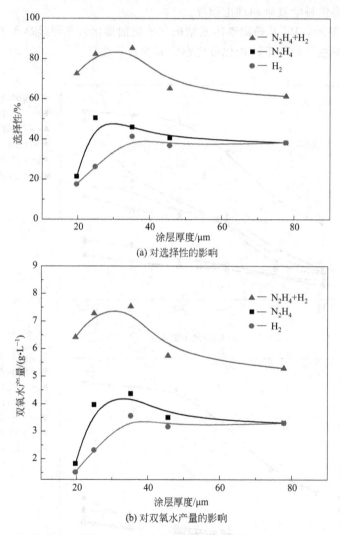

(a) 对选择性的影响

(b) 对双氧水产量的影响

图 4-30　还原条件对选择性和双氧水产量的影响（反应条件：常压，温度＝80℃，eAQ 溶液浓度＝60g・L^{-1}，eAQ 溶液流率＝0.7mL・min^{-1}，H_2 流率＝10mL・min^{-1}，0.8%Pd/MCM-41/COR）

（2）涂层厚度对催化剂的选择性和双氧水产量的影响　涂层厚度与蜂窝整体式结构化催化剂的内扩散具有密切关系，其对选择性和双氧水产量的影响见图 4-32。薄的涂层，短的扩散路径，有利于提高催化剂的催化活性。但是，如果涂层厚度少于 40μm，涂层将不能为活性组分提供足够的活性位，进而会使催化剂的催化活性降低。相反，涂层厚度超过 $50\mu m$，随着扩散路径的延长，副反应加剧，导致选择性降低。在本实验的操作条件下，最适宜的涂层厚度是 $40\sim50\mu m$。

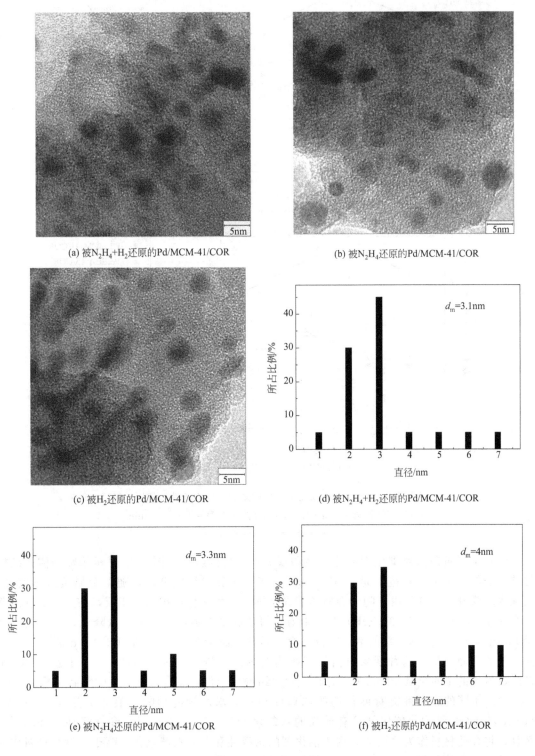

(a) 被N_2H_4+H_2还原的Pd/MCM-41/COR

(b) 被N_2H_4还原的Pd/MCM-41/COR

(c) 被H_2还原的Pd/MCM-41/COR

(d) 被N_2H_4+H_2还原的Pd/MCM-41/COR

(e) 被N_2H_4还原的Pd/MCM-41/COR

(f) 被H_2还原的Pd/MCM-41/COR

图 4-31　HRTEM 图

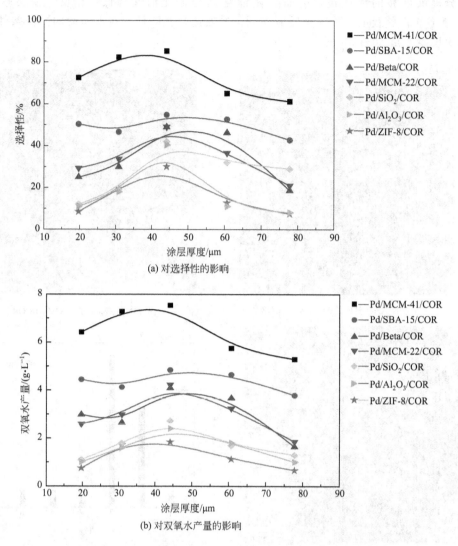

(a) 对选择性的影响

(b) 对双氧水产量的影响

图 4-32　涂层厚度对选择性和双氧水产量的影响（反应条件：常压，温度＝80℃，
eAQ 溶液浓度＝60g·L⁻¹，eAQ 溶液流率＝0.7mL·min⁻¹，
H₂ 流率＝10mL·min⁻¹）

（3）金属负载量对催化剂的选择性和双氧水产量的影响　图 4-33 显示蜂窝整体式结构化催化剂的金属负载量范围是 0.5%～3%。在金属负载量较低时，随着金属负载量增加，双氧水产量升高，这是由于随着金属负载量增加，金属活性位增加。相反，在金属负载量高于 0.8%（除了 Pd/ZIF-8/COR）时，随着金属负载量增加，双氧水产量降低，这是由于金属 Pd 的集聚，导致催化剂的活性降低。金属负载量高于 2% 时，金属 Pd 在 Pd/ZIF-8/COR 催化剂的表面集聚，这种现象可由氮气吸附脱附结果进行佐证。因此，对 Pd/ZIF-8/COR 来说，最优的金属负载量是 2%，对其他六种结构化催化剂而言，最适宜的负载量是 0.8%。

（4）不同的涂层种类对催化剂的选择性和双氧水产量的影响　表 4-3 表明 0.8%Pd/MCM-41/COR 结构化催化剂具有最高的双氧水产量（7.54g·L⁻¹）和选择性（85.3%）。而且，将介孔材料作为涂层的结构化催化剂的选择性和双氧水产量普遍高于以微孔材料作为涂层的结构化催化剂。

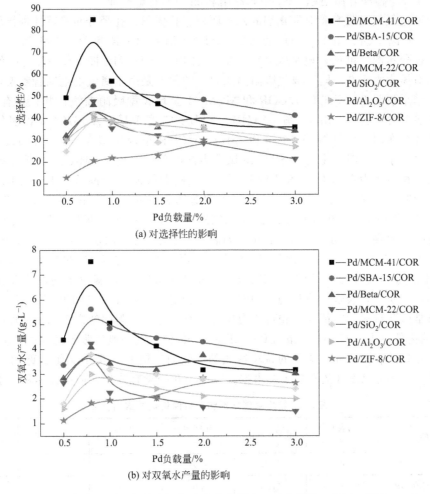

(a) 对选择性的影响

(b) 对双氧水产量的影响

图 4-33　Pd 的负载量对选择性和双氧水产量的影响（反应条件：常压，温度＝80℃，
eAQ 溶液浓度＝60g·L⁻¹，eAQ 溶液流率＝0.7mL·min⁻¹，
H₂ 流率＝10mL·min⁻¹，涂层厚度 44μm）

表 4-3　不同结构化催化剂和颗粒催化剂的蒽醌氢化活性

样品	涂层	涂层负载量（质量分数）/%	金属负载量（质量分数）/%	脱落率/%	选择性/%	双氧水产量/(g·L⁻¹)	Pd 效率/(gH₂O₂·g⁻¹Pd·h⁻¹)
Pd/MCM-41/COR	MCM-41	30	0.8	1.1	85.3	7.54	1573
Pd/SBA-15/COR	SBA-15	30	0.8	1.0	54.8	5.63	1174
Pd/MCM-22/COR	MCM-22	30	0.8	1.3	49.0	4.23	883
Pd/Beta/COR	Beta	30	0.8	1.4	49.0	4.09	854
Pd/ZIF-8/COR	ZIF-8	30	2	5.1	30.0	2.85	595
Pd/SiO₂/COR	SiO₂	30	0.8	0.8	42.2	3.82	793
Pd/Al₂O₃/COR	Al₂O₃	30	0.8	0.5	40.5	3.05	626
Pd/Al₂O₃	Al₂O₃	30	0.2	—	70.0	10.00	500

为了解释不同蜂窝整体式结构化催化剂的催化活性差别，对不同的蜂窝整体式结构化催

化剂进行了 H_2 程序升温还原、N_2 吸附脱附和 H_2-O_2 滴定表征。

笔者通过氮气吸附实验对催化剂的比表面积、孔体积、孔径分布等特性进行了研究，结果见表 4-4 和图 4-34。图 4-34(a) 是 0.8% Pd/MCM-41/COR 和 MCM-41 的氮气吸附脱附曲线和孔径分布图。可见，相对压力在 0.3～0.4 时，氮气吸附曲线有一个急剧的增长。另外，在相对压力大于 0.4 时，氮气吸附曲线向上的偏差是由于氮气的毛细管凝聚，形成了迟滞回线。结果说明 Pd/MCM-41/COR 和 MCM-41 呈现IV型吸附曲线，并且具有介孔结构。而且孔径主要分布在 2～5nm。图 4-34(b) 是 SBA-15 和 Pd/SBA-15/COR 的氮气吸附脱附曲线和孔径分布图，可见 SBA-15 和 Pd/SBA-15/COR 呈现IV型吸附曲线和 H1 型迟滞环。在相对压力小于 0.1 时，主要是 SBA-15 微孔表面的单层吸附和 SBA-15 内部介孔的单层和多层吸附。相对压力在 0.4～0.8 之间时，氮气吸附曲线向上的偏差是由于 SBA-15 介孔中的毛细管冷凝填充造成的。另外，其孔径主要分布在 5～10nm。图 4-34(c) 和图 4-34(d) 是 Beta、Pd/Beta/COR 和 MCM-22、Pd/MCM-22/COR 的氮气吸附脱附曲线和孔径分布图。可见孔尺寸主要分布在 0.5～1nm。如表 4-4 所示，Pd/涂层/COR（涂层＝MCM-41、SBA-15、Beta 或 MCM-22）催化剂的表面积、孔径、孔体积在负载 Pd 活性组分后减小，说明 Pd 颗粒被整合进涂层的结构中。ZIF-8 和 Pd/ZIF-8/COR 的氮气吸附曲线和孔径分布图如表 4-34(e) 所示，表现出典型的工型曲线。在相对压力小于 0.01 的时候，氮气吸附曲线急剧增长是微孔材料的特征。在相对压力比较大时，氮气吸附曲线向上的相对偏差是存在介孔/大孔结构的标志。与 ZIF-8 相比 Pd/ZIF-8/COR 催化剂的氮气吸附量减小，主要由于 Pd 颗粒聚集导致的表面积和孔体积的减小造成的。然而，钯的负载并没有改变 ZIF-8 的孔径。这主要是由于部分 ZIF-8 的孔口被钯占据，以至于孔径没有减少，但是孔体积减小。

表 4-4　结构化催化剂和颗粒催化剂的结构参数

样品	比表面 /(m² · g⁻¹)	孔径① /nm	孔体积① /(cm³ · g⁻¹)	Pd 负载③ /%	D_{Pd}④/%	S_{Pd} /(m² · g⁻¹)
MCM-41	1034	3.34	1.04	—	—	—
Pd/MCM-41/COR②	974	3.03	0.91	0.8	45	230
SBA-15	743	6.88	1.01	—	—	—
Pd/SBA-15/COR②	648	6.64	0.92	0.8	37	188
Beta	517	0.76	0.38	—	—	—
Pd/Beta/COR②	513	0.61	0.21	0.8	29	148
MCM-22	500	0.96	0.53	—	—	—
Pd/MCM-22/COR②	160	0.74	0.48	0.8	33	168
ZIF-8	1367	0.97	0.53	—	—	—
Pd/ZIF-8/COR②	1034	0.97	0.45	2.0	16	81
Pd/SiO₂/COR②	190	7.83	0.46	0.8	26	132
Pd/Al₂O₃/COR②	170	10.10	0.30	0.8	19	100
Pd/Al₂O₃	310	11.24	0.75	0.2	—	—

① MCM-41、SBA-15、Pd/MCM-41/COR、Pd/SBA-15/COR、Pd/Al₂O₃/COR 和 Pd/Al₂O₃ 催化剂使用 BJH 孔径分布；Beta、MCM-22、ZIF-8、Pd/Beta/COR、Pd/MCM-22/COR 和 Pd/ZIF-8/COR 使用 Horvath-Kawazoe 方法；

② 结构化催化剂的微观涂层厚度是 44μm；

③ Pd 金属负载量采用 ICP-AES 方法测量；

④ D_{Pd} 使用 H_2-O_2 滴定方法分析。

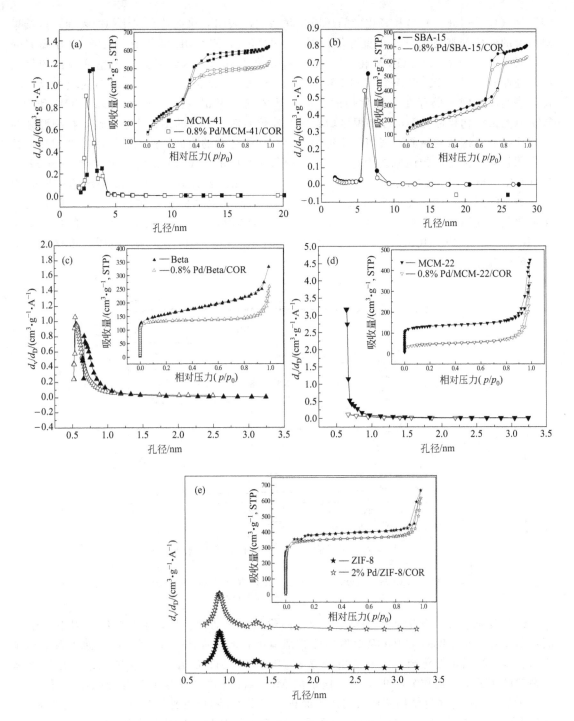

图 4-34 氮气吸附脱附曲线和孔径分布图

通过氢气氧气滴定测量蜂窝整体式结构化催化剂的 Pd 分散度和比表面积，详细的信息列于表 4-4。在相同的 Pd 负载量情况下，Pd/MCM-41/COR 催化剂的分散度和比表面积明显高于其他蜂窝整体式结构化催化剂，结果表明 MCM-41 分子筛能够为活性组分 Pd 提供相对更大表面分散区域，有效阻止钯颗粒的聚集。

采用 H_2-TPR 测试分析不同涂层的蜂窝整体式结构化催化剂的还原性，见图 4-35。低温区域（107～166℃）是和氧化钯的还原相联系的，表明氧化钯是在催化剂的表面，这结果对所有的催化剂都适用。在高温区域，对于 Pd/MCM-41/COR 催化剂，440℃存在高温峰位，对于 Pd/MCM-22/COR 催化剂，370℃存在高温峰位，这都可归功于基体内部的氧化钯的还原峰。对于 Pd/SBA-15/COR 和 Pd/Al₂O₃/COR 结构化催化剂，高温区域不存在峰位，表明氧化钯主要存在于催化剂的表面，基体内含量很少。对于 Pd/Beta/COR 和 Pd/SiO₂/COR 结构化催化剂，在高温区域有两个峰位。对于所有的结构化催化剂，在高温区的峰都比在低温区域的峰弱，表明氧化钯主要存在于催化剂的表面。然而，还原温度越高，相互作用越强，催化剂的还原能力越弱。对比于 Pd/MCM-41/COR 结构化催化剂，Pd/SBA-15/COR、Pd/ZIF-8/COR、Pd/Beta/COR 和 Pd/MCM-22/COR 结构化催化剂的还原峰明显向更高的温度转移，表明 Pd 和 MCM-41/COR 之间相对弱的相互作用。因此，所有结构化催化剂的还原性按照如下规律 Pd/MCM-41/COR＞Pd/SBA-15/COR＞Pd/ZIF-8/COR＞Pd/Beta/COR＞Pd/MCM-22/COR＞Pd/SiO₂/COR＞Pd/Al₂O₃/COR，主要是依据第一个还原峰的温度。

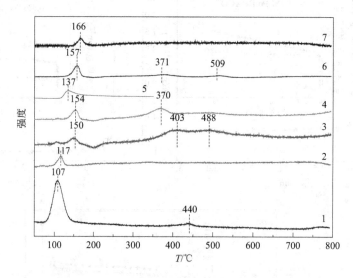

图 4-35　不同结构化催化剂的 H₂-TPR 谱图

1—0.8% Pd/MCM-41/COR；2—0.8% Pd/SBA-15/COR；3—0.8% Pd/Beta/COR；
4—0.8% Pd/MCM-22/COR；5—2% Pd/ZIF-8/COR；6—0.8% Pd/SiO₂/COR；
7—0.8% Pd/Al₂O₃/COR

结合表征结果，分析蜂窝整体式结构化催化剂催化活性差异，主要归结于以下三个方面：①0.8% Pd/MCM-41/COR 蜂窝整体式结构化催化剂的 Pd 分散度和比表面积高于其他蜂窝整体式结构化催化剂，主要是由于 0.8%Pd/MCM-41/COR 蜂窝整体式结构化催化剂的颗粒尺寸更小、颗粒分布更均匀，这是由 MCM-41 更高的比表面积和介孔结构导致的。虽然 ZIF-8 具有有序的结构和最大内比表面积，但是 Pd 颗粒主要分布在 ZIF-8 的外表面上，导致了更差的选择性和双氧水产量。而且，由于 Pd/ZIF-8/COR 的脱落率大于 3%，Pd/ZIF-8 不能稳定地负载在堇青石载体上面。因此，Pd 在蒽醌氢化过程中丢失严重。②Pd/MCM-41/COR 的还原性是所有的结构化催化剂里面最好的，导致了最高的选择性和双氧水产量。③eAQ 分子直径比较大（1.2nm），对比于微孔分子筛，介孔分子筛（SBA-15 和 MCM-41）的较大孔径更有利于反应物的扩散，进而与分子筛内外表面的活性组分 Pd 充分接触、反应。因此，用介孔材料做涂层的催化剂的双氧水产量和选择性高于微孔材料涂层的催化剂。因此，应该更多地关注 Pd/MCM-41/COR 的催化活性。

在相同的反应条件下，Pd/MCM-41/COR 结构化催化剂的双氧水产量（7.54g·L^{-1}）比 0.2%Pd/Al$_2$O$_3$ 催化剂（直径 3mm、孔径 0.37，其中 0.2% 是基于堇青石和涂层的质量之和，双氧水产量 10g·L^{-1}）略低。然而，0.8%Pd/MCM-41/COR 催化剂的活性蒽醌选择性（85.3%）和 Pd 效率（1573gH$_2$O$_2$·g^{-1}Pd·h^{-1}）明显高于商业颗粒催化剂（70.0% 和 500gH$_2$O$_2$·g^{-1}Pd·h^{-1}）。工业上为取得相同的双氧水产量，基于反应器中催化剂的体积计算 Pd 效率，采用结构化催化剂能够节省贵金属 67%。

通过催化活性测试与催化剂表征，可以考察不同涂层蜂窝结构化催化剂与颗粒催化剂之间催化性能差异，并且解释微观原因。结果显示，与颗粒催化剂对比，Pd/SiO$_2$/COR 蜂窝整体式结构化催化剂可以提高双氧水产量。

不同涂层结构化催化剂中，Pd/MCM-41/COR 结构化催化剂的双氧水产量最高，主要归结于 MCM-41 更高的比表面积、更均匀的孔径与更高的还原性。Pd/MCM-41/COR 结构化催化剂的双氧水产量比颗粒催化剂略低，但是选择性和 Pd 效率明显高于商业颗粒催化剂。

符号说明

a	渗透率，m^2	Sh	施伍德数
c	比热容，kJ·kg^{-1}·K^{-1}	T	温度，K
c_p	定压比热容，kJ·kg^{-1}·K^{-1}	u	速度，m·s^{-1}
C	摩尔浓度，mol·L^{-1}	w	质量分数
C_V	定容比热容，kJ·kg^{-1}·K^{-1}	z	轴向高度，m
D	扩散系数，m·s^{-2}	α	倾斜角，(°)
Da	坦克莱准数	ε	空隙率
d	直径，m	Φ	直径，mm
d_e	通道的当量直径，m	φ	球形系数
Da	坦克莱准数	λ	导热系数，W·m^{-1}·K^{-1}
F	气相动能因子，m·s^{-1}·(kg·m^{-3})$^{0.5}$	μ	黏度系数，kg·m^{-1}·s^{-1}
h	高度，m	η	板效率（4.1）
K_La	液相传质系数，s^{-1}	η	有效因子（4.3）
K	吸附平衡常数，cm^3·mol^{-1}	ρ	密度，kg·m^{-3}
k	反应速率常数，cm^3·g^{-1}·s^{-1}	ΔP	压降，Pa
L	液体流量，m^3·h^{-1}	下标	
l	催化剂捆包宽度，mm	act	实际的
Nu	努赛尔特数	b	主体
P	压力，Pa	er	有效
Pr	普朗特准数	g	气体
r	半径，m	p	颗粒
R_{NO}	反应速率，mol·cm^{-3}·s^{-1}	s	固体
R	摩尔气体常数，8.314J·mol^{-1}·K^{-1}	surf	表面
Re	雷诺数	V	体积
S	源项，Pa·m^{-1}	W	壁面

思 考 题

1. 在筛板塔的塔板中鼓泡促进器的作用是什么？

2. 如何设计一种筛板塔塔板，怎样增加它的生产能力？

3. 筛板中倾斜设计的导向孔有什么作用？

4. 与散装填料相比，规整填料有什么优点？类似的，与规整填料相比，散装填料有什么优点？

5. 填料波纹呈折线式变化会给填料中液体流动情况带来什么益处？

6. 与传统固体催化剂颗粒相比，整体式结构化催化剂的最大优点体现在哪里？

7. 蜂窝整体式结构化催化剂有什么特点？

8. 蜂窝状活性炭在工业方面有什么应用？

9. 在蒽醌法制备双氧水的过程中，双氧水的产量和选择性受什么因素影响？

10. 试说明整体式催化剂的催化剂涂层厚度对催化效果的影响？

11. 如何设计一种较好的整体式催化剂进行蒽醌法制备双氧水？

12. 如果用金属材料制备整体式催化剂的载体，相比于陶瓷基整体式催化剂有什么优点？

第 5 章　化工节能的新理论

　　预测型分子热力学是指如果已知混合物中各组分的分子结构和组成，就可对其热力学性质（如活度系数、亨利常数、扩散系数等）进行预测。预测型分子热力学的科学价值在于：解答分离过程的本质问题即分离剂的分子结构与分离性能之间的对应关系，为分离剂筛选以及特殊精馏过程模型化提供强有力的理论支撑。围绕分离过程（包括精馏、吸收、萃取等）中最优分离剂的快速筛选，分四个层次展开叙述：小分子溶剂体系、溶剂-无机盐体系、溶剂-聚合物体系和溶剂-离子液体体系的预测型分子热力学。

5.1　小分子溶剂体系的预测型分子热力学

　　对于小分子溶剂体系的分子热力学定量理论模型包括：早期的 Pierotti-Deal-Derr 模型、Weimer-Prausnitz 模型，以及随后的 UNIFAC 及其改进模型、MOSCED 和 SPACE 模型、DISQUAC 模型、GCEOS 模型等。定性理论模型包括 Prausnitz-Anderson 理论等。定量理论模型用于分离剂的计算机辅助分子设计，以快速筛选分离剂，减少实验工作量。也可用于特殊精馏的平衡级和非平衡级模型中相平衡计算，以及 Maxwell-Stefan 方程扩散系数和传质速率的计算。定性理论模型用于最优分离剂分子结构的定性分析。

5.1.1　UNIFAC 模型

　　在分离过程相平衡计算中，常要确定液相活度系数 γ_i，以进一步推算相平衡常数 K_i 和相对挥发度 α_{ij}。液相活度系数模型的建立是基于过量吉布斯自由能，因其关系如下：

$$\left[\frac{\partial(nG^E)}{\partial n_i}\right]_{T,p,n_j} = RT\ln\gamma_i \tag{5-1}$$

$$n = \sum_i n_i \tag{5-2}$$

　　最初的 UNIFAC 模型由 Fredenslund 等研究者于 1975 年提出，结合了基团的概念和 UNIQUAC 模型的思想，该模型适用于无限稀释溶液和有限浓度溶液中活度系数的计算。其最大特点是只需要知道混合物中各组分的分子结构和有关的官能团参数，就可计算没有实验数据的体系的活度系数。在此方法中，将活度系数表示成两部分：一是组合活度系数 $\ln\gamma_i^C$，反映分子大小和形状的影响；另一部分是剩余活度系数 $\ln\gamma_i^R$，反映分子间相互作用能。

$$\ln\gamma_i = \ln\gamma_i^C + \ln\gamma_i^R \tag{5-3}$$

（1）组合活度系数

$$\ln\gamma_i^C = 1 - V_i + \ln V_i - 5q_i\left[1 - \frac{V_i}{F_i} + \ln\left(\frac{V_i}{F_i}\right)\right] \tag{5-4}$$

$$F_i = \frac{q_i}{\sum_j q_j x_j}; \quad V_i = \frac{r_i}{\sum_j r_j x_j} \tag{5-5}$$

　　式中，F_i 和 V_i 分别为混合物中 i 组分的表面积参数和体积参数；q_i 和 r_i 为对应的纯组分参数，可分别由组成该组分的基团的表面积和体积参数 Q_k 和 R_k 加和求得。

$$q_i = \sum_k v_k^{(i)} Q_k \; ; \quad r_i = \sum_k v_k^{(i)} R_k \tag{5-6}$$

式中，$v_k^{(i)}$ 是组分 i 中基团 k 的数目；R_k 和 Q_k 分别为基团的体积和表面积参数，通常可按各官能团的 Van der Waals 分子表面积 A_k 和分子体积 V_k 数据由式(5-7)求得，基团参数可查表。

$$Q_k = \frac{A_k}{2.5 \times 10^9} \; ; \quad R_k = \frac{V_k}{15.17} \tag{5-7}$$

（2）剩余活度系数

$$\ln \gamma_i^R = \sum_k v_k^{(i)} \left[\ln \Gamma_k - \ln \Gamma_k^{(i)} \right] \tag{5-8}$$

式中，$v_k^{(i)}$ 是组分 i 中基团 k 的数目；Γ_k 为基团 k 的剩余活度系数；$\Gamma_k^{(i)}$ 为标准态下纯组分 i 中基团 k 的剩余活度系数，可按下式进行计算：

$$\ln \Gamma_k = Q_k \left[1 - \ln \left(\sum_m \theta_m \psi_{mk} \right) - \sum_m \left(\theta_m \psi_{km} \Big/ \sum_n \theta_n \psi_{nm} \right) \right] \tag{5-9}$$

$$\theta_m = \frac{Q_m X_m}{\sum_n Q_n X_n} \; ; \quad X_m = \frac{\sum_i v_m^{(i)} x_i}{\sum_i \sum_k v_k^{(i)} x_i} \tag{5-10}$$

式中，θ_m 和 X_m 分别是基团 m 在混合物中的面积分数和摩尔分数；ψ_{nm} 为基团 m 与 n 之间的相互作用参数。

$$\psi_{nm} = \exp[-(a_{nm}/T)] \tag{5-11}$$

a_{nm} 表征了基团 m 与 n 之间的相互作用，单位是 K，且 $a_{nm} \neq a_{mn}$。

式(5-9)和式(5-10)同样也适用于求解 $\ln \Gamma_k^{(i)}$，此时 θ_m 和 X_m 分别是基团 m 在纯组分中的面积分数和摩尔分数。对于纯组分，$\ln \Gamma_k = \ln \Gamma_k^{(i)}$。也就是说，当 $x_i \to 1$，$\gamma_i^R \to 1$；同时 $\gamma_i^C \to 1$，则 $\gamma_i \to 1$。

5.1.2 改进的 UNIFAC 模型

改进的 UNIFAC 模型的活度系数同最初的 UNIFAC 模型一样，也是由组合项和剩余项两部分加和所构成，如式(5-3)所示。

但组合活度系数部分的表达式进行了如下改进，以适用于分子尺寸相差较大的组分所组成的混合物。

$$\ln \gamma_i^C = 1 - V_i' + \ln V_i' - 5 q_i \left[1 - \frac{V_i}{F_i} + \ln \left(\frac{V_i}{F_i} \right) \right] \tag{5-12}$$

参数 V_i' 可利用各官能团相对的 Van der Waals 体积参数 R_k 通过下式求得。

$$V_i' = \frac{r_i^{3/4}}{\sum_j x_j r_j^{3/4}} \tag{5-13}$$

其他参数的计算方法与最初的 UNIFAC 模型一致，即

$$V_i = \frac{r_i x_i}{\sum_j x_j r_j} \tag{5-14}$$

$$r_i = \sum v_k^{(i)} R_k \tag{5-15}$$

$$F_i = \frac{q_i x_i}{\sum_j x_j q_i} \tag{5-16}$$

$$q_i = \sum v_k^{(i)} Q_k \tag{5-17}$$

剩余部分对活度系数的贡献见式(5-8)~式(5-10)。但是与最初的 UNIFAC 模型相比，相互作用参数 ψ_{nm} 变为对温度依赖的参数：

$$\psi_{nm} = \exp\left(-\frac{a_{nm} + b_{nm}T + c_{nm}T^2}{T}\right) \tag{5-18}$$

因此为了计算液相活度系数，必须首先确定 R_k、Q_k、a_{nm}、b_{nm}、c_{nm}、a_{mn}、b_{mn} 和 c_{mn}，这些参数可查表获得。其中，改进 UNIFAC 模型中的 R_k 和 Q_k 数值不同于最初 UNIFAC 模型。改进 UNIFAC 模型的预测准确性要优于最初 UNIFAC 模型。改进 UNIFAC 模型参数在不断地扩充，有代替最初 UNIFAC 模型的趋势。

5.1.3 基于 γ^∞ 的 UNIFAC 模型

这种 UNIFAC 模型只适用于无限稀释溶液，因此称为基于 γ^∞ 的 UNIFAC 模型，也称为端值法-UNIFAC 模型。

基于 γ^∞ 的 UNIFAC 模型提出的目的是对传统的模型计算精度和应用范围进行改进，可以看作是对现有气-液平衡和液-液平衡参数的补充。和最初的 UNIFAC 模型相比只是基团相互作用参数不同，R_k 和 Q_k 数值均相同，具体参数可查表。

5.1.4 应用实例1——无限稀释溶液活度系数计算

应用以上三种 UNIFAC 模型（最初模型、改进模型和基于 γ^∞ 的模型）估算丁烷和 1-丁烯在 N,N-二甲基甲酰胺（DMF）无限稀释溶液中的液相活度系数，结果如图 5-1 所示。可见，改进的 UNIFAC 模型和实验结果吻合最好，平均相对偏差 [ARD，定义见式(3-38)] 为 3.06%。最初的 UNIFAC 模型和基于 γ^∞ 的 UNIFAC 模型的平均相对偏差分别为 11.84% 和 17.17%。

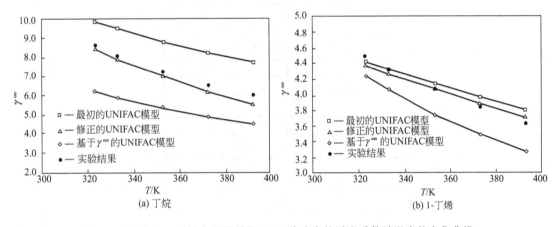

图 5-1　丁烷和 1-丁烯在无限稀释 DMF 溶液中的活度系数随温度的变化曲线

5.1.5 计算机辅助分子设计（CAMD）

计算机辅助分子设计（CAMD）的研究和应用非常广泛，可用于液体溶剂及无机盐的分子设计。一般化工领域分子设计通常是借助 UNIFAC 基团贡献法来实现。UNIFAC 基团贡献法是分子设计的重要工具，分子设计的实质就是通过预选一定结构的基团，按照某种规律组合成分子，并对分子依目标性质进行筛选。因为当小分子溶剂作为分离过程的溶剂（或分离剂）时，数目众多。如果单凭实验从中挑出最佳的符合某一分离体系的溶剂，将是十分烦琐的。UNIFAC 基团贡献法是计算机辅助分子设计的重要工具。分子设计的目的是在众多的有机物中缩小搜索范围，尽量少做实验找到所需的优化物质。

具体到分子设计的计算过程，有两个难点需要解决：一是基团如何组合成分子；二是计算的准确性。对于前者，可以通过文献上介绍的一些方法处理基团在数学上的排列组合问题；对于后者，计算分子的目标性质时，一般是基于 UNIFAC 划分的基团，通过基团参数按照一定方式加合来实现，因此要收集广泛的基团参数。计算准确性在很大程度上依赖于基团参数的可靠性。但是我们知道基团参数并不是对每一种物质都能保证准确，所以采取的解决办法是建立一套强有力的物性数据库，只有物性数据库中没有的显性质，才采用基团贡献法计算。分子设计程序的计算机算法如图 5-2 所示。

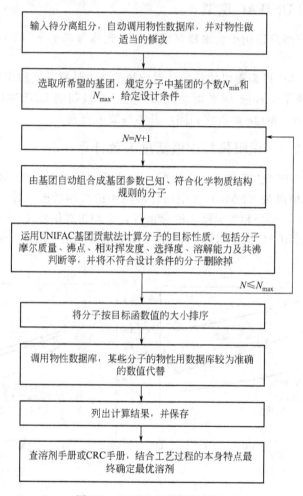

图 5-2　CAMD 的计算机算法

5.1.6　应用实例 2——ACN 法萃取精馏分离 C$_4$ 的分子设计

对乙腈（ACN）法萃取精馏分离丁烯和丁二烯的目标体系，拟在基础溶剂 ACN 一定的情况下加入添加物（即助溶剂），对之进行分子设计。设计条件如下：

① 预选基团种类：10（种）；

② 分子基团数目：2~6（个）；

③ 最大摩尔质量：150g·mol^{-1}；

④ 最低沸点：323.15K；

⑤ 最高沸点：503.15K；

⑥ 设计温度：303.15K；

⑦ 最低无限稀释相对挥发度：1.35；

⑧ 助溶剂浓度：10%（质量分数）；

⑨ 轻重关键组分分别为 2-丁烯（1）和 1,3-丁二烯（2）。

设计结果见表 5-1。

表 5-1　分子设计应用于 ACN 法萃取精馏分离丁烯和丁二烯的设计结果

编号	分子结构	摩尔质量 M_W /g·mol^{-1}	沸点 T_b/K	相对挥发度 α	选择度 S	溶解能力 SP	共沸判断	
							1 与溶剂	2 与溶剂
1	H_2O	18.0	373.2	1.66	2.16	0.38	无	无
2	$2CH_2CN$	80.0	495.3	1.51	1.97	0.37	无	无
3	CH_2CH_2CNOH	71.0	462.5	1.46	1.91	0.36	无	无
4	$CH_3C_3H_6CH_3COO$	116.0	399.2	1.46	1.90	0.40	无	无
5	$CH_3CH_2CH_3CO$	72.0	352.8	1.45	1.89	0.40	无	无
6	$2CH_2NH_2$	60.0	390.4	1.44	1.88	0.38	无	无
7	$CH_2OHCH_2NH_2$	61.0	443.5	1.42	1.85	0.36	无	无
8	CH_3OH	32.0	337.8	1.42	1.86	0.38	无	无
9	CH_3CH_2OH	46.0	351.5	1.39	1.81	0.39	无	无

设计结果是将所期望的分子（包括脂肪烃、芳香烃、脂肪芳香烃和分子基团）按相对挥发度大小排序后得到的，其中某些分子在文献中已经出现过。但是对于助溶剂还必须考虑到其他的性质，如沸点、化学稳定性、水解性等。经过综合考虑后，认为编号为 1、4、5、6、9 的有机溶剂（包括水）才有可能是所要寻找的助溶剂。同时也说明在有机溶剂（包括水）中，以加水的方式提高 ACN 对 C$_4$ 选择性的效果最为明显，这与国内 ACN 法以水作为优化溶剂相吻合。这些助溶剂能否真正地提高 C$_4$ 组分之间的相对挥发度还必须通过实验进行验证。

5.2　含小分子无机盐体系的预测型分子热力学

理论模型包括：基于改进 UNIFAC 的 Kikic 模型、Achard 模型、Yan 模型，以及定标粒子理论（scaled particle theory）等。用于以小分子无机盐为分离剂时的分子结构筛选。其中定标粒子理论从热力学和统计力学出发进行理论推导，物理意义明确；能用容易找到的分子参数计算盐效应常数，使用起来很方便；其公式及处理方法不仅对室温下的气体溶质，而且对室温下为液体的溶质也仍能适用。特别是近年来定标粒子理论的研究有较大的进展。胡英和 Prausnitz 等在计算分子的软球作用项时提出了近程有序、远程无序的分子热力学模型。李以圭等在此基础上导出了计算软球作用项 k_α 和硬球作用项 k_β 的数学表达式，并提出了估算非电解质大分子的硬球直径 σ_1 的两种方法。谢文蕙等又提出了计算离子偶极力的新方法，用于极性非电解质分子也取得了成功。所以采用定标粒子理论的方法来处理含小分子无机盐体系的盐效应问题，不仅有理论发展的前景，也有广泛的应用前景，是值得重视和开拓的一个领域。

5.2.1 定标粒子理论推导

设有一三元体系：溶剂、盐和非电解质，令 c 和 γ 为非电解质在溶剂中的浓度和活度系数，c_s 为盐的浓度。如果不存在化学反应，$\lg\gamma$ 最普适的公式为 c_s 和 c 的幂级数：

$$\lg\gamma = k_s c_s + k_s' c_s^2 + k_s'' c_s^3 + \cdots + kc + k' c^2 + k'' c^3 + \cdots \tag{5-19}$$

若 c_s 和 c 均较小，可以只保留线性项：

$$\lg\gamma = k_s c_s + kc \tag{5-20}$$

式中，$k_s(k_s', k_s'', \cdots)$ 为盐效应常数；$k(k', k'', \cdots)$ 为非电解质与非电解质之间的相互作用系数。

在纯溶剂中，$c_s=0$，$c=c_0$，所以

$$\lg\gamma_0 = kc_0 \tag{5-21}$$

当纯的非电解质和它的饱和溶液平衡时，无论是在纯溶剂还是盐溶液中，非电解质的化学位或活度是相等的，即：

$$c\gamma = c_0\gamma_0 \tag{5-22}$$

$$\lg\frac{\gamma}{\gamma_0} = \lg\frac{c_0}{c} = k_s c_s + k(c-c_0) \tag{5-23}$$

当 c 和 c_0 都很小时，$k\cdot(c-c_0)\approx 0$，$\gamma_0\approx 1$（非电解质活度系数以无限稀释为参考态），上式即简化为：

$$\lg\gamma = \lg\frac{c_0}{c} = k_s c_s \tag{5-24}$$

上式具有 Setschenow 公式的形式，但是物理意义不一样，Setschenow 公式是适用于含盐水溶液的经验公式，且在相当大的非电解质浓度范围内成立。而上式是适用于水溶液和非水溶液的理论推导公式，且非电解质浓度很低。

对溶剂的筛选和评价，一个重要的状态是非电解质溶质无限稀释。含小分子无机盐体系的混合物可以看成是由溶剂、盐、非电解质溶质 A、非电解质溶质 B 组成。但是当溶质 A 和溶质 B 处于无限稀释状态时，溶质 B 对于由溶剂-盐-非电解质溶质 A 所组成的三元体系没有影响，同样溶质 A 对于由溶剂-盐-非电解质溶质 B 所组成的三元体系也没有影响。因此，虽然定标粒子理论目前大多情况用于三元体系，但是对于非电解质溶质无限稀释状态，可以将三元体系的推导过程应用于多元体系，同时也使问题的处理变得更容易一些。

根据定标粒子理论基本方程的建立过程，要求在加盐前后保持恒温以及溶质的分压一定。据此进行如下推导。

如果体系由溶剂、浓度很低的非电解质溶质 1 和溶质 2 组成。其中溶质 1 和溶质 2 的液相组成分别是 x_{01}，x_{02}（浓度 c_{01}，c_{02}）；气相组成分别是 y_{01}，y_{02}；气相分压分别是 p_{01}，p_{02}；体系总压为 p_0；非电解质溶质 1 为易挥发组分。往体系中加入一定量的盐，保持温度以及溶质气相分压 p_{01}，p_{02} 一定。这时溶质 1 和溶质 2 的液相组成分别是 x_1，x_2（浓度 c_1，c_2）；气相组成分别是 y_1，y_1；气相分压分别是 $p_1=p_{01}$，$p_2=p_{02}$；体系总压为 p。

$$\frac{c_{01}/c_1}{c_{02}/c_2} = \frac{x_{01}/x_1}{x_{02}/x_2} = \frac{y_{02}x_{01}}{y_{01}x_{02}} \times \frac{y_1/x_1}{y_2/x_2} \times \frac{y_{01}y_2}{y_{02}y_1} = \frac{\alpha_s}{\alpha} \times \frac{p_{01}p_2}{p_{02}p_1} = \frac{\alpha_s}{\alpha} \tag{5-25}$$

由式(5-24)可知：

$$\lg\frac{c_{01}}{c_1} = k_{s1}c_s \tag{5-26}$$

$$\lg \frac{c_{02}}{c_2} = k_{s2} c_s \tag{5-27}$$

因此：

$$\frac{\alpha_s}{\alpha} = 10^{(k_{s1} - k_{s2})c_s} \tag{5-28}$$

式中，α 为无盐时的相对挥发度；α_s 为加盐后的相对挥发度。

当非电解质溶质 1 和溶质 2 处于无限稀释时，有

$$\frac{\alpha_s^\infty}{\alpha^\infty} = 10^{(k_{s1} - k_{s2})c_s} \tag{5-29}$$

以上根据定标粒子理论基本方程的建立过程导出了 k_s 和无限稀释相对挥发度之间的关系。式(5-29) 的右边表示微观量，左边表示宏观量，因此使微观和宏观建立起了一座桥梁。即使有时限于定标粒子理论的发展水平定量算出的 k_s 不太准确，但是可以应用溶液理论的一般知识定性判断 k_{s1} 和 k_{s2} 的大小，从而判断加盐对提高相对挥发度是否有利。由式(5-29) 可以看出：在盐浓度不是太高时，如果 $k_{s1} > k_{s2}$，那么加盐就一定能够提高被分离组分无限稀释时的相对挥发度，且 $k_{s1} - k_{s2}$ 越大，加盐提高相对挥发度的效果就越明显。

由溶剂、非电解质溶质 1 和溶质 2 组成的体系，α^∞ 可用一般的蒸气压方程和液相活度系数方程求得。按式(5-29)，求取 α_s^∞ 关键在于 k_s。k_s 的计算可以根据定标粒子理论盐效应常数的求解过程来完成。

式(5-26) 或式(5-27) 对 c_s 微分求导：

$$\lim_{c_s \to 0} \lg \frac{c_0}{c} = k_s c_s$$

$$-\left(\frac{\partial \lg c}{\partial c_s}\right) = k_s = \left[\frac{\partial(\bar{g}_{h1}/2.3kT)}{\partial c_s}\right]_{c_s \to 0} + \left[\frac{\partial(\bar{g}_{s1}/2.3kT)}{\partial c_s}\right]_{c_s \to 0} + \left[\frac{\partial(\ln \sum_{j=1}^{m} \rho_j)}{2.3 \partial c_s}\right]_{c_s \to 0}$$
$$= k_\alpha + k_\beta + k_\gamma \tag{5-30}$$

式中，$\bar{g}_{h1}$ 和 $\bar{g}_{s1}$ 为溶质在溶液中的偏分子自由能；ρ_j 为分子数密度；k_γ、k_β、k_α 分别为分子数密度项、软球作用项、硬球作用项对盐效应常数 k_s 的贡献。

5.2.2　应用实例 3——DMF 法萃取精馏分离 C_4 组分

以 N,N-二甲基甲酰胺（DMF）萃取精馏分离 C_4 为例来说明定标粒子理论在非极性小分子无机盐体系中的应用，所研究的体系是 DMF、盐 NaSCN（在 DMF 中 NaSCN 的质量分数为 10%）和 C_4。下标 1、2、3、4 分别代表非电解质 C_4 组分、DMF、Na^+、SCN^-。按照定标粒子理论盐效应求解方法，计算出的盐效应常数 k_α，k_β，k_γ 和 k_s，计算表达式如下：

$$k_\gamma = 0.0673 - 4.34 \times 10^{-4} \varphi \tag{5-31}$$

$$k_\beta = -1.707 \times 10^{14} \left(\frac{\varepsilon_1^*}{k}\right)^{1/2} \times \left[\alpha_3^{3/4} z_3^{1/4} \frac{(\sigma_1+\sigma_3)^3}{\sigma_3^3} + \alpha_4^{3/4} z_4^{1/4} \frac{(\sigma_1+\sigma_4)^3}{\sigma_4^3}\right] +$$
$$\frac{1}{8} \times 1.168 \times 10^{17} \left(\frac{\varepsilon_2^*}{k}\right)^{1/2} \left(\frac{\varepsilon_1^*}{k}\right)^{1/2} \varphi (\sigma_1+\sigma_2)^3 + 3.78 \times 10^{-2} \frac{\varphi \alpha_1}{(\sigma_1+\sigma_2)^3} \tag{5-32}$$

$$k_\alpha = 3.09 \times 10^{20} (\sigma_3^3+\sigma_4^3) - 5.47 \times 10^{-4} \varphi + \sigma_1[9.27 \times 10^{20} (\sigma_3^3+\sigma_4^3) +$$
$$2.26 \times 10^{28} (\sigma_3^3+\sigma_4^3) - 7.17 \times 10^4 \varphi] + \sigma_1^2[9.27 \times 10^{20} (\sigma_3+\sigma_4) +$$

$$6.78\times10^{28}(\sigma_3^3+\sigma_4^3)+2.09\times10^{36}(\sigma_3^3+\sigma_4^3)-6.64\times10^{12}\varphi\,] \tag{5-33}$$

式中，σ 是分子或离子的直径，cm；α 是极化率，cm³；ε^* 为分子间相互作用能；φ 是盐在无限稀释状态下的摩尔体积，mL·mol⁻¹。

极化率 α 由 Langevin-Debye 公式求出，对同种分子（或离子）能量参数 ε^* 可采用 Mavroyannis-Stephen 公式进行计算。计算所需的分子和离子参数可查相关文献，得到温度为 303.15K 和 323.15K 时 C₄ 的盐效应常数，列于表 5-2。进而根据式(5-29)得到的无限稀释相对挥发度计算值与实验值比较，列于表 5-3。

表 5-2　盐效应常数 k_s 计算结果

$T=303.15K$	k_γ	k_β	k_α	k_s
正丁烷(1)	0.0523	−0.1057	0.5490	0.4956
正丁烯(2)	0.0523	−0.1089	0.5310	0.4744
反丁烯-2(3)	0.0523	−0.1117	0.5274	0.4680
顺丁烯-2(4)	0.0523	−0.1097	0.5203	0.4629
丁二烯(5)	0.0523	−0.1115	0.5115	0.4523
$T=323.15K$	k_γ	k_β	k_α	k_s
正丁烷(1)	0.0523	−0.0992	0.5490	0.5022
正丁烯(2)	0.0523	−0.1022	0.5310	0.4811
反丁烯-2(3)	0.0523	−0.1048	0.5274	0.4750
顺丁烯-2(4)	0.0523	−0.1029	0.5203	0.4697
丁二烯(5)	0.0523	−0.1046	0.5115	0.4593

表 5-3　无限稀释相对挥发度计算值与实验值比较（$T_1=303.15K$，$T_2=323.15K$）

项目	α_{15}^∞		α_{25}^∞		α_{35}^∞		α_{45}^∞	
	T_1	T_2	T_1	T_2	T_1	T_2	T_1	T_2
计算值	4.43	3.75	2.50	2.26	2.05	1.87	1.74	1.66
实测值	4.53	3.73	2.55	2.28	2.11	1.94	1.85	1.76
相对误差/%	2.21	0.54	1.96	0.88	2.84	3.61	5.95	5.68

由此可以看出，无限稀释相对挥发度的计算值与实验值吻合良好，说明用定标粒子理论预测溶剂分离能力的准确性。由定标粒子理论算出的 k_s 顺序是：$k_{s1}>k_{s2}>k_{s3}>k_{s4}>k_{s5}$（由于烷烃和烯烃电子云流动性不同所致），说明根据定标粒子理论盐效应常数的求解方法计算出的 k_s 值是合理的。

5.3　含聚合物体系的预测型分子热力学

理论模型分为活度系数模型（如 UNIFAC-FV，entropic-FV，FH/Hansen，GK-FV 等）和状态方程模型（如 PSRK，GC-Flory EOS，GCLF EOS 等）两种。但状态方程模型能描述压力对相体积的影响规律，其中 GCLF EOS（基团贡献格子流体状态方程）应用极为广泛，只需要聚合物的分子结构和溶剂的功能基团即可。在苛刻的条件下（高压、低温等）很难进行实验研究，此时预测型模型显得尤为重要。对 GCLF EOS 模型，我们建立了较完备的基团参数表，用于以聚合物为分离剂时的分子结构筛选以及聚合物加工时热力学性质调控。

5.3.1　GCLF EOS 模型

GCLF EOS 模型是基于 Panayiotou-Vera 状态方程建立的，方程形式如下：

$$\frac{\widetilde{P}}{\widetilde{T}} = \ln\left(\frac{\widetilde{v}}{\widetilde{v}-1}\right) + \frac{z}{2}\ln\left(\frac{\widetilde{v}+q/r-1}{\widetilde{v}}\right) - \frac{\theta^2}{\widetilde{T}} \tag{5-34}$$

式中，$\widetilde{P}$、$\widetilde{T}$ 和 $\widetilde{v}$ 分别是对比压力、对比温度和对比摩尔体积。定义如下：

$$\widetilde{P} = \frac{P}{P^*}, \widetilde{T} = \frac{T}{T^*}, \widetilde{v} = \frac{v}{v^*}, \theta = \frac{q/r}{\widetilde{v}+q/r-1} \tag{5-35}$$

$$P^* = \frac{z\varepsilon^*}{2v_h}, \quad T^* = \frac{z\varepsilon^*}{2R}, \quad v^* = v_h r \tag{5-36}$$

$$zq = (z-2)\cdot r + 2 \tag{5-37}$$

式中，q 为表面积参数；r 是一个分子所占有的格子位数；z 是配位数，$z=10$；R 是通用气体常数，$R = 8.314 J \cdot mol^{-1} \cdot K^{-1}$；$v_h$ 代表一个格子位的体积，$v_h = 9.75 \times 10^{-3}$ $m^3 \cdot kmol^{-1}$；P^*、T^* 和 v^* 都是尺度参数。

GCLF EOS 模型含有两个可调参数：分子间相互作用能 ε^*，以及分子参考体积 v^*。一旦这两个参数确定，式(5-34)中其余参数可通过式(5-35)～式(5-37)得到。因此，在给定温度和压力下，体系的对比体积能通过式(5-34)求得。

对纯组分，相同分子间的相互作用能 ε_i^* 通过如下混合规则计算：

$$\varepsilon_i^* = \sum_k \sum_m \Theta_k^{(i)} \Theta_m^{(i)} (e_{kk}e_{mm})^{1/2} \tag{5-38}$$

式中，e_{kk} 是相同基团 k 间的相互作用能。

$$e_{kk} = e_{0,k} + e_{1,k}\left(\frac{T}{T_0}\right) + e_{2,k}\left(\frac{T}{T_0}\right)^2 \tag{5-39}$$

式中，T 是体系温度，T_0 任意地设置为 273.15K。基团表面积分数 $\Theta_k^{(i)}$ 的表达式为：

$$\Theta_k^{(i)} = \frac{n_k^{(i)}Q_k}{\sum_n n_n^{(i)}Q_n} \tag{5-40}$$

式中，$n_k^{(i)}$ 是组分 i 中基团 k 的个数，与 UNIFAC 模型类似；Q_k 是基团 k 的无因次表面积参数。利用如下混合规则，分子参考体积 v_i^* 由基团参考体积参数 R_k 获得：

$$v_i^* = \sum_k n_k^{(i)} R_k \tag{5-41}$$

R_k 由下式求得：

$$R_k = \frac{1}{10^3}\left[R_{0,k} + R_{1,k}\left(\frac{T}{T_0}\right) + R_{2,k}\left(\frac{T}{T_0}\right)^2\right] \tag{5-42}$$

对二元混合物，式(5-33)的基本形式并不发生改变，因而求解过程如同纯组分。但引入了如下混合规则：

$$\varepsilon^* = \overline{\theta}_1\varepsilon_{11} + \overline{\theta}_2\varepsilon_{22} - \overline{\theta}_1\overline{\theta}_2\dot{\Gamma}_{12}\Delta\varepsilon, \quad \Delta\varepsilon = \varepsilon_{11} + \varepsilon_{22} - 2\varepsilon_{12} \tag{5-43}$$

$$\varepsilon_{12} = (\varepsilon_{11}\varepsilon_{22})^{1/2}(1 - k_{12}) \tag{5-44}$$

$$\varepsilon_{ii} = \sum_k \sum_m \Theta_k^{(i)} \Theta_m^{(i)} (e_{kk}e_{mm})^{1/2} \tag{5-45}$$

$$k_{12} = \sum_m \sum_n \Theta_m^{(M)} \Theta_n^{(M)} a_{mn} \tag{5-46}$$

$$v^* = \sum x_i v_i^* \tag{5-47}$$

$$\Theta_k^{(i)} = \frac{n_k^i Q_k}{\sum_p n_p^{(i)} Q_p}, \quad \Theta_k^{(M)} = \frac{\sum_i n_k^{(i)} Q_k}{\sum_p \sum_i n_p^{(i)} Q_p} \tag{5-48}$$

式中，a_{mn} 是基团二元相互作用参数；$\Theta_k^{(i)}$ 和 $\Theta_k^{(M)}$ 分别是基团 k 在纯组分 i 和混合物中的表面积分数；$\dot{\Gamma}_{12}$ 是分子 1 和 2 间的非随机参数。似化学方法给出了非随机参数间的如下关系：

$$\frac{\dot{\Gamma}_{11} \dot{\Gamma}_{22}}{\dot{\Gamma}_{12}^2} = \exp\left(\theta \frac{\Delta\varepsilon}{RT}\right) \tag{5-49}$$

其余参数按下式计算：

$$r = \sum x_i r_i, q = \sum x_i q_i, \theta = \sum \theta_i \tag{5-50}$$

$$r_i = v_h^* / v_h, zq_i = (z-2)r_i + 2 \tag{5-51}$$

$$\theta_i = \frac{zq_i N_i}{z(N_h + \sum q_j N_j)} = \frac{q_i N_i}{N_h + qN} = \frac{q_i / r_i}{\tilde{v}_i / r_i - r_i + q_i} \tag{5-52}$$

$$\bar{\theta}_i = \frac{zq_i N_i}{z \sum q_j N_j} = \frac{q_i N_i}{qN} = \frac{x_i q_i}{q} \tag{5-53}$$

$$\bar{\theta}_1 \dot{\Gamma}_{11} + \bar{\theta}_2 \dot{\Gamma}_{12} = \bar{\theta}_2 \dot{\Gamma}_{22} + \bar{\theta}_1 \dot{\Gamma}_{12} = 1 \tag{5-54}$$

式中，$\bar{\theta}_i$ 是组分 i 不考虑空穴的分子表面积分数。

此外，GCLF EOS 模型还能够给出组分 i 在混合物中基于重量分数的活度系数（WFAC）表达式：

$$\ln\Omega_i = \ln\frac{a_i}{w_i} = \ln\varphi_i - \ln w_i + \ln\frac{\tilde{v}_i}{\tilde{v}} + q_i \ln\left(\frac{\tilde{v}}{\tilde{v}-1}\frac{\tilde{v}_i - 1}{\tilde{v}_i}\right) + q_i \left(\frac{2\theta_{i,p} - \theta}{\tilde{T}_i} - \frac{\theta}{\tilde{T}}\right) + \frac{zq_i}{2}\ln\dot{\Gamma}_i \tag{5-55}$$

$$\varphi_i = \frac{x_i v_i^*}{\sum_j x_j v_j^*} = \frac{x_i r_i}{\sum_j x_j r_j} \tag{5-56}$$

其中式(5-55)等式右边的下标 i 代表纯组分 i，w_i 和 φ_i 分别是组分 i 在混合物中的质量和体积分数，$\theta_{i,p}$ 是在与混合物相同的温度和压力下纯组分 i 的表面积分数。基于重量分数的活度系数 Ω_i 适用于混合物中溶剂（如聚合物、离子液体等）与被分离组分的分子量相差较大的情况。在这种情况下，传统的基于摩尔分数的活度系数的表达方式使用起来不方便。

为了求解以上方程，基团参数（$e_{0,k}$、$e_{1,k}$、$e_{2,k}$、$R_{0,k}$、$R_{1,k}$、$R_{2,k}$、a_{mn}）需事先给定。目前的 GCLF EOS 模型的基团参数状况如图 5-3 所示。

采用不同的理论模型（UNIFAC-FV，entropic-FV，GK-FV，GCLF EOS，UNIFAC-ZM）针对非极性、极性溶剂-聚合物体系（苯-聚异丁烯体系和丙醇-聚乙酸乙烯酯体系），计算了溶剂的活度并与实验值进行对比。苯-聚异丁烯体系在温度为 313.2K 时的计算结果如图 5-4 所示，可见对于非极性溶剂-聚合物，五种理论模型计算结果都和实验结果很接近，其中 GK-FV 模型预测性最好。丙醇-聚乙酸乙烯酯体系在温度为 353.2K 时的计算结果如图 5-5 所示，可见对于极性溶剂-聚合物体系的预测情况远不如非极性溶剂好，五种理论模型的计算结果都和实验结果有一定的偏差，GCLF EOS 模型和 entropic-FV 模型偏差最小，而 UNIFAC-ZM 模型预测结果最差。

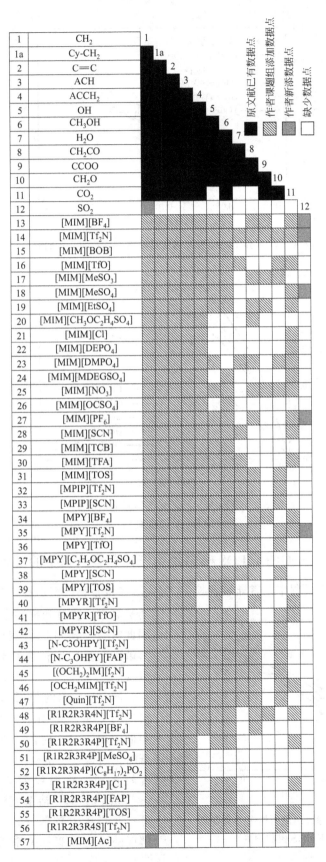

图 5-3 最新 GCLF EOS 模型参数表

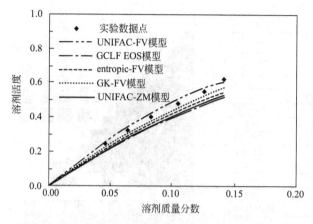

图 5-4　苯-聚异丁烯体系溶剂活度随质量分数的变化曲线

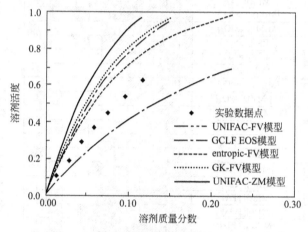

图 5-5　丙醇-聚乙酸乙烯酯体系溶剂活度
随质量分数的变化曲线

5.3.2　应用实例4——GCLF EOS 模型预测气体在聚合物中的溶解度

在聚合物发泡加工过程中，常通过调控 CO_2 气体在聚合物的溶解度来控制成型聚合物

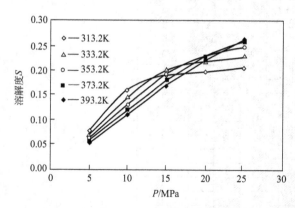

图 5-6　CO_2 在橡胶态聚丙烯中的溶解度
（由 GCLF EOS 模型预测）

的热导率、重量和抗冲击性等物理性质。因此有效地预测 CO_2 气体在聚合物中的溶解度对推动聚合物发泡加工技术至关重要。

图 5-6 显示的是用 GCLF EOS 模型得到的 CO_2 气体在无定型聚丙烯（PP）中低于熔点 T_m 时的溶解度。当温度较低时，溶解度等温线呈"S"形；而当温度较高时，等温线变直。当压力较低（<10MPa）时，溶解度随温度升高而降低；而当压力较低（>10MPa）时，溶解度随温度的变化关系较复杂，这是由

于聚合物样品的结晶度随体系的温度和压力变化所致。

5.3.3　应用实例 5——GCLF EOS 模型预测聚合物的结晶度

利用 GCLF EOS 模型能够预测处于橡胶态的聚合物在有或无气体存在条件下的结晶度。

橡胶态的聚合物在有气体存在条件下的结晶度是一个重要的物理量，但是目前无实验手段直接测定。在聚合物加工成型中结晶度可以用来推测聚合物和气体分子之间的相互作用以及解释在不同温度和压力下溶解度、溶胀度的变化规律。其计算式为：

$$X_m = 1 - \frac{S^{exp}}{S^{cal}(X_m = 0)} \quad (5\text{-}57)$$

上式是基于气体在聚合物中溶解度的贡献主要来自无定形区域，而晶体区域几乎对溶解度没有贡献的假设。

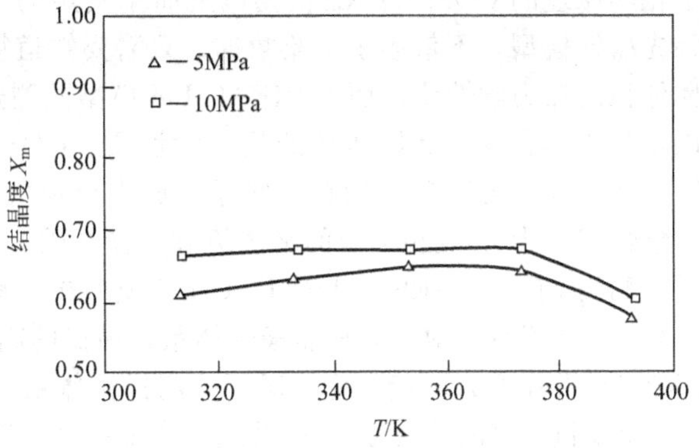

图 5-7　有 CO_2 存在条件下温度对聚丙烯结晶度的影响（由 GCLF EOS 模型预测）

有 CO_2 存在条件下聚丙烯结晶度随温度的变化如图 5-7 所示。在压力一定的情况下，随温度的增加，橡胶态聚丙烯的结晶度最初基本保持不变，但当温度升高到 373.2K 附近时，结晶度迅速下降。这是因为溶解的 CO_2 能显著降低聚丙烯的熔点 T_m。另外，在温度一定的情况下，在较高压力下（10MPa）的结晶度要高于在较低压力下（5MPa）的结晶度。这是因为静压效应以及溶解的 CO_2 能诱导聚丙烯结晶。

5.3.4　应用实例 6——GCLF EOS 模型预测聚合物的比容

采用 GCLF EOS 模型得到了聚乙酸乙烯酯（PVAc）、聚四氢呋喃（PTHF）、聚苯乙烯-丙烯腈（丙烯腈质量分数为 3%，SAN3）和聚乙烯-乙酸乙烯酯（乙酸乙烯酯质量分数为 18%，EVA 18）四种聚合物的比容，并将计算结果和 Tait 方程计算结果进行对比，如图 5-8 所示。可见 GCLF EOS 模型和 Tait 方程所得的结果相吻合，平均相对偏差（ARD）小于 5%。

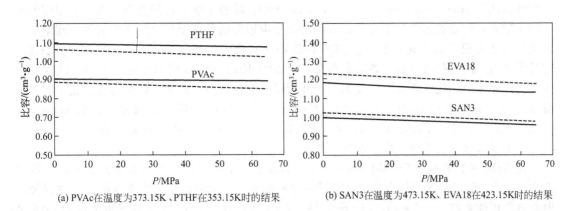

(a) PVAc在温度为373.15K、PTHF在353.15K时的结果　　　(b) SAN3在温度为473.15K、EVA18在423.15K时的结果

图 5-8　聚合物比容的预测值与压力的变化曲线

（实线为由 GCLF EOS 模型预测值；虚线为 Tait 方程计算结果）

5.4 含离子液体体系的预测型分子热力学模型

含离子液体体系的预测型分子热力学主要理论模型包括近 10 多年来发展起来的基于量子化学原理的 COSMO-RS 模型以及简单实用的 UNIFAC-Lei 模型。COSMO-RS 模型是一种先验性模型，不依赖于实验数据，只需要知道物质的分子结构就可以定性地描述含离子液体体系的热力学性质，而 UNIFAC-Lei 模型预测热力学性质比 COSMO-RS 模型更准确，可以定量描述含离子液体体系的热力学性质。COSMO-RS 模型用来筛选离子液体，而 UNIFAC-Lei 模型可以在 C 捕获、费托合成中合成气净化、气体脱水等气体分离过程中预测热力学性质，为气-液相平衡的平衡级方程作基础。

利用 COSMO-RS 和 UNIFAC-Lei 模型探讨离子液体的分子结构与分离性能之间的对应关系，结果发现：对于分离非极性体系，最优的离子液体分子结构特征是：体积小、无支链、阴离子电荷中心有屏蔽效应；对于分离极性体系，最优的离子液体分子结构特征是分子体积小、无支链、阴离子电荷中心无刚性屏蔽效应。计算结果与实验结果定性趋势一致，相互印证。

5. 4. 1 COSMO-RS 模型

COSMO-RS 模型是从 COSMO（conductor-like screening model）模型基础上扩展而来的。在 COSMO 模型中，假定环绕溶质周围的分子是理想电导体，利用密度泛函理论计算溶质分子的几何结构及其溶质表面的屏蔽电荷密度。而在 COSMO-RS 模型中，将溶质和溶剂分子的表面都分成若干个部分，因而有相对于表面积的屏蔽电荷密度分布。屏蔽电荷就代表了分子之间的静电相互作用，使之能从统计机理计算组分的化学位和活度系数。

COSMO-RS 计算的过程如图 5-9 所示。首先是 COSMO 量化机理计算（QM-COSMO），作为整个计算过程中最耗时的一部分，每一个物质的量化计算只需进行一次，将计算的结果（包括分子构型，能量性质，分子表面电荷密度分布等）存储于数据库中。其次，COSMO-RS 计算模块可以从数据库中调取所需物质的 COSMO 文件来求算其热力学性质。如果已建立 QM-COSMO 计算的物质的数据库，那么为化工过程筛选大量的溶剂或溶质将是一个非常简单快捷的过程。另外，该模型还可以从分子移入电导体的能量推算组分蒸气压。因此，COSMO-RS 模型可以计算各种热力学数据。

2014 年笔者团队研发的离子液体 COSMO-RS 模型已"借船下海"，嵌入到国际著名商用软件 ADF（amsterdam density functional）之中，填补了该软件的空白。编写了相应的用户操作指南，使普通化学工程师能很方便地使用申请人的预测型热力学研究成果。理论成果在软件上已实现了商业化运行。2018 年，该团队将离子液体 COSMO-RS 模型（2014 版）进行了更新，内容包括以自己姓名命名的 COSMO-RS-Lei2018 模型作为一个独立的软件模块供用户使用、优化模型参数以及编写了新的用户操作指南，使之更好地为普通化学工程师服务。ADF 软件中 COSMO-RS-Lei 2018 模型的操作界面如图 5-10 所示（详见 https：//www. scm. com/doc/Tutorials/COSMO-RS/Ionic _ Liquids. html）。这是该软件系统中唯一的由中国学者（本土工作）提供的化工热力学模型。

在 ADF 原有版本中 COSMO-RS 模型参数如表 5-4 所示，三个版本中元素分散系数如表 5-5 所示。编者根据非缔合物质在离子液体中的 416 个无限稀释活度系数的实验数据关联出静电作用能系数 $a' = 2063$ kcal $\cdot$ (mol Å^2)$^{-1}$ $\cdot$ e^{-2}，由 CO$_2$ 在 18 种离子液体中的 1388 个溶解度实验数据关联出有效接触面积 $a_{eff} = 3.34$Å^2，由缔合物质在离子液体中的 147 个无限稀释活度系数的实验数据关联出氢键强度系数 $c_{hb} = 7532$ kcal $\cdot$ (mol Å^2)$^{-1}$ $\cdot$ e^{-2}。

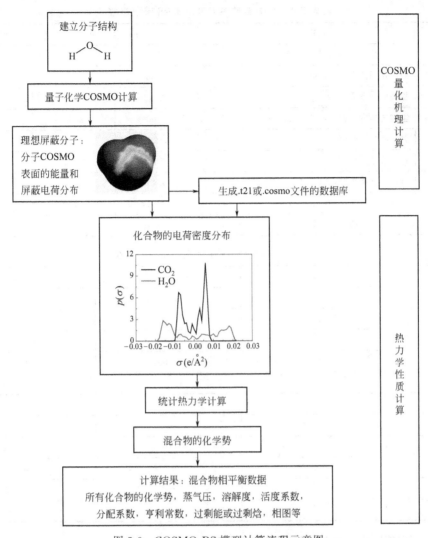

图 5-9　COSMO-RS 模型计算流程示意图

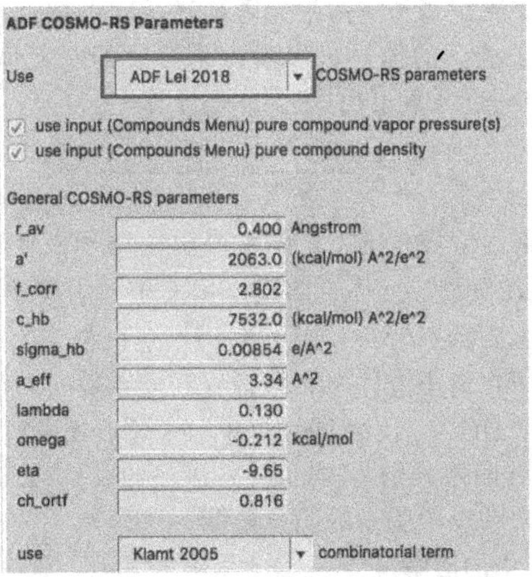

图 5-10　ADF 软件中以自己姓名命名的 COSMO-RS-Lei 2018 模型操作界面（独立模块）

表 5-4　ADF 软件中 COSMO-RS 模型参数

参数	物理意义	98 Klamt	ADF 1998	ADF 2005
r_{av}	屏蔽电荷密度分布平均半径/Å	0.5	0.415	0.4
a'	静电作用能系数/[kcal · (mol Å²)⁻¹ · e⁻²]	1288	1515	1510
f_{corr}	相关修正系数	2.4	2.812	2.802
c_{hb}	氢键的强度系数/[kcal · (mol Å²)⁻¹ · e⁻²]	7400	8350	8850
σ_{hb}	氢键能垒/(e · Å⁻²)	0.0082	0.00849	0.00854
a_{eff}	有效接触面积/Å²	7.1	7.62	6.94
λ	组合部分体积的指数系数	0.14	0.129	0.13
ω	环校正系数/(kcal · mol⁻¹)	−0.21	−0.217	−0.212
η	气相液相中熵差异常数	−9.15	−9.91	−9.65

表 5-5　COSMO-RS 中特定原子分散系数

元素	98 Klamt	ADF 1998	ADF 2005
H	−0.041	−0.0346	−0.034
C	−0.037	−0.0356	−0.0356
N	−0.027	−0.0225	−0.0224
O	−0.042	−0.0322	−0.0333
F	—	—	−0.026
Si	—	—	−0.04
P	—	—	−0.045
S	—	—	−0.052
Cl	−0.052	−0.0487	−0.0485
Br	—	—	−0.055
I	—	—	−0.062

5.4.1.1　溶质在离子液体中的无限稀释活度系数

在 COSMO-RS 计算溶质在离子液体中无限稀释活度系数时，离子液体的阴阳离子被看作是两个物质，溶质和离子液体的体系可以看做是假设的三元体系（溶质＋阳离子＋阴离子），溶质在离子液体中的活度系数可由式（5-58）计算

$$\gamma_i^{bin} = \frac{\gamma_i^{tern} x_i^{tern}}{x_i^{bin}} = \frac{\gamma_i^{tern}}{2 - x_i^{bin}} \tag{5-58}$$

式中，x_i^{bin} 和 γ_i^{bin} 分别为溶质 i 在二元体系溶质＋离子液体中的摩尔分数和活度系数；x_i^{tern} 和 γ_i^{tern} 分别为溶质 i 在假设三元体系溶质＋阳离子＋阴离子中的摩尔分数和活度系数。

当溶质在离子液体中无限稀释时（$x_i^{bin}=0$），$\gamma_i^{bin}=0.5\gamma_i^{tern}$。

非缔合溶质和缔合溶质在离子液体中无限稀释活度系数实验值与 COSMO-RS 模型预测值的对比如图 5-11 所示。ADF 2005、ADF 1998、98 Klamt 及改进后 ADF Lei 2018 版本的预测值和实验值的平均相对偏差分别为 48.48%、55.49%、49.62% 和 28.29%，使用改进后参数平均相对偏差比原来的三个版本的明显降低。

5.4.1.2　CO_2 在离子液体中的溶解度

在中低压下 CO_2 气体和离子液体体系的气-液相平衡可表示为

$$y_1 P \phi_1(T, P, y_1) = x_1 \gamma_1 P_1^s \phi_1^s(T, P_1^s) \tag{5-59}$$

式中，x_1 和 y_1 分别为 CO_2 在液相和气相中的摩尔分数；P 和 P_1^s 分别为系统压力和 CO_2 的饱和蒸气压，饱和蒸气压方程如式（5-60）所示；$\phi_1(T, P, y_1)$ 为在系统温度 T 和压力 P 下 CO_2 的逸度系数；$\phi_1^s(T, P_1^s)$ 为在系统温度 T 和该温度所对应饱和蒸气压 P_1^s 下 CO_2 的逸度系数，这两个逸度系数可以由 Span 等提出的状态方程计算得到；γ_1 为在系统温度下 CO_2 在离子液体中的活度系数。

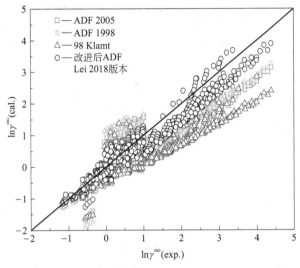

图 5-11　离子液体中无限稀释活度系数实验值与不同版本 COSMO-RS 模型预测值对比

$$\ln p_1^s / \mathrm{MPa} = 12.331 - \frac{4759.460}{T/\mathrm{K} + 156.462} \tag{5-60}$$

（1）高温（>298.15K）下 CO_2 在纯离子液体中的溶解度　CO_2 在离子液体中溶解度实验值与 COSMO-RS 模型预测值的对比如图 5-12 所示，ADF 2005、ADF 1998、98 Klamt 和改进后 ADF Lei 2018 版本的预测值和实验值的平均相对偏差分别为 46.36%、50.72%、44.75%、15.38%，表明使用改进后参数平均相对偏差比原来的三个版本的明显降低。

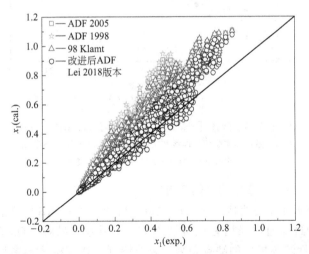

图 5-12　高温下 CO_2 在离子液体中溶解度实验值与 COSMO-RS 模型预测值对比

（2）低温（<298.15K）下 CO_2 在纯离子液体中的溶解度　还考察了改进参数后的

COSMO-RS 模型是否适用于预测低温下 CO_2 在纯离子液体中的溶解度，图 5-13 给出了低温（243.2~273.2K）下 CO_2 在离子液体 $[HMIM]^+[BF_4]^-$ 和 $[OMIM]^+[BF_4]^-$ 中的溶解度，优化参数后的 COSMO-RS ADF Lei 2018 版本预测值与实验值的相对偏差较 2005 版本大大降低，使用 ADF Lei 2018 版本 CO_2 在离子液体 $[HMIM]^+[BF_4]^-$ 和 $[OMIM]^+$ $[BF_4]^-$ 溶解度的预测值与实验值的平均相对偏差分别为 5.91% 和 5.55%，可以看出同样适用于低温下 CO_2 在离子液体中溶解度的预测。

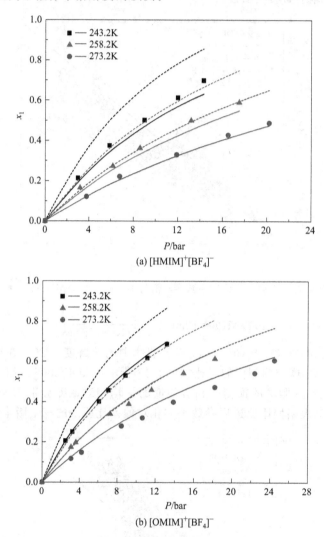

图 5-13　低温下 CO_2 在离子液体 $[HMIM]^+[BF_4]^-$ 和 $[OMIM]^+[BF_4]^-$ 中的溶解度
（实心散点，表示文献中的实验值；虚线和实线分别表示 COSMO-RS ADF 2005 版本和
优化参数后 ADF Lei 2018 版本预测值）

5.4.1.3　应用实例——离子液体溶剂的筛选

以萃取精馏分离苯和噻吩为例，考察改进参数后的 COSO-RS 模型的筛选能力。对萃取精馏分离苯和噻吩的过程通常采用有机溶剂 N,N-二甲基甲酰胺（DMF）作为萃取剂，考虑到 DMF 存在挥发性溶剂损失的缺点，采用复合溶剂即在有机溶剂中加入离子液体的方法来降低有机溶剂在气相中的挥发量，本工作中采用改进的 COSMO-RS 模型参数为萃取精馏过程筛选出合适的离子液体添加剂。常见的 50 种离子液体对苯和噻吩的选择性（无限稀释

活度系数之比），以及对苯的溶解能力（苯在离子液体中无限稀释活度系数的倒数）如图 5-14 所示。

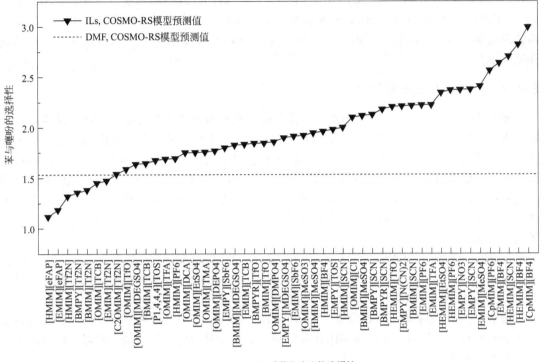

(a) 对苯和噻吩的选择性

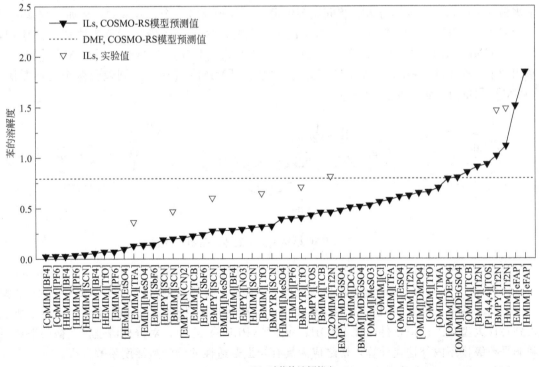

(b) 对苯的溶解能力

图 5-14　298.15K 时 50 种常见的离子液体对苯和噻吩的选择性和对苯的溶解能力

由图 5-14 可以看出，选择性和溶解能力的趋势是相反的，即离子液体对苯和噻吩的选择性越大，该离子液体对苯的溶解能力越小。可以选用选择性好，具有一定溶解能力的 1-乙基-3-甲基咪唑四氟硼酸盐 $[EMIM]^+[BF_4]^-$ 为合适的萃取剂添加剂。另外，使用改进后的 COSMO-RS 模型 ADF Lei 2018 版本参数所得到的离子液体对苯的溶解能力的趋势跟实验值是完全一致的。因此，使用改进后参数的 COSMO-RS 模型可以有效地筛选出合适的离子液体溶剂。

5.4.2　UNIFAC-Lei 模型

根据式(3-22)，活度系数法也可用来预测吸收相平衡和气体溶解度 [在高压时需与其他状态方程（如 PR，SRK 等）组合使用]。如前所述，目前应用最广泛的预测活度系数的方法是 UNIFAC 及其改进型模型。但近年来离子液体作为化工过程分离剂已成为研究热点，因此有必要建立适用于离子液体的 UNIFAC 模型以用于过程设计。利用 UNIFAC 模型计算无限稀释活度系数时，需要先进行离子液体的基团拆分，在拆分过程中，应该尽量符合电中性原则。常见的离子液体的基团拆分有三种方法，如图 5-15 所示 {以 $[BMIM]^+[BF_4]^-$ 离子液体为例}。

① 离子液体被划分为阴离子和阳离子两部分，见图 5-15(a)。在这种划分方式中将阳离子作为一整个基团，不能直观地体现阳离子的支链长度对于分离性能的影响，而且不符合 UNIFAC 模型中的基团电中性原则。

② 离子液体的咪唑环被划分为一个功能团，见图 5-15(b)。这种划分方式需要大量的实验数据来拟合咪唑环与离子液体基团相互作用参数，而目前的实验数据很有限，仅包含了一些最常见的离子液体。

③ 由笔者团队提出的综合考虑阴阳离子之间的相互作用，将阳离子的烷基骨架与阴离子当做一个整体。这种拆分方式将同系列中最小的分子当做一个特殊基团，例如将烷基链拆分为 CH_3 和 CH_2，将脂类中 COO 作为特殊基团等。这种离子液体拆分方法被广泛应用，称之为 UNIFAC-Lei 模型。如图 5-15(c) 中 $[BMIM]^+[BF_4]^-$ 被拆分为 $[MIM]^+[BF_4]^-$ 基团加上一个 CH_3 基团，三个 CH_2 基团。主基团 $[MIM]^+[BF_4]^-$ 则包含两个附属基团，$[MIM]^+[BF_4]^-$ 和 $[IM]^+[BF_4]^-$。

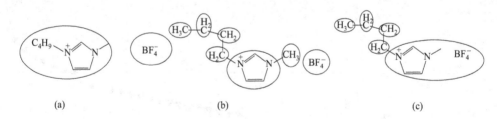

(a)　　　　　　　　　　(b)　　　　　　　　　　(c)

图 5-15　UNIFAC 模型中离子液体的基团划分方式

目前含离子液体体系的 UNIFAC-Lei 模型的基团参数状况如图 5-16 所示（包括新 58 个主基团和 83 个子基团），方程形式与传统的 UNIFAC 模型保持一致。与 COSMO-RS 模型相比，离子液体 UNIFAC-Lei 模型简单实用，且能为广大化学工程师所接受，特别是能嵌入到现代大型化工模拟软件（如 PROII、ASPENPLUS）之中，对分离塔进行严格的平衡级和非平衡级模型内外迭代计算，使之成为具有较强普适性的预测型活度系数方程。

【例 5-1】　预测在等温条件下甲醇-离子液体和乙醇-离子液体体系的 P（压力）-x（组成）关系。

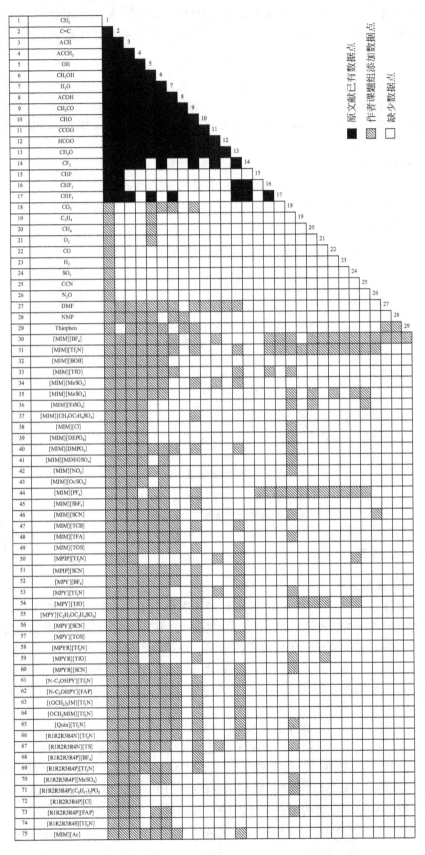

图 5-16　适用于含离子液体体系的 UNIFAC-Lei 模型参数表

解 选取温度 $T=353K$，离子液体为 $[EMIM]^+[BTI]^-$ 和 $[HMIM]^+[BTI]^-$。根据式(3-22)，在低压下近似，$\hat{\varphi}_i^V=1$，$f_i^0=p_i^0$，并假定离子液体不在气相中出现，可得：

$$p=p_i^0\gamma_i x_i \tag{5-61}$$

活度系数是温度和组成的函数，给定温度和任一液相组成，可利用含离子液体体系的 UNIFAC 模型计算活度系数，再由式(5-58) 预测体系的蒸气压；反之，已知体系在某一温度下的蒸气压，也可预测溶质的液相组成（即溶解度），但须用 UNIFAC 方程迭代求解。

利用含离子液体体系的 UNIFAC 模型预测 4 体系的甲醇＋$[EMIM]^+[BTI]^-$、甲醇＋$[HMIM]^+[BTI]^-$、乙醇＋$[EMIM]^+[BTI]^-$ 和乙醇＋$[HMIM]^+[BTI]^-$ 的 P（压力)-x（组成）关系见图 5-17。预测结果与实验值对比，对蒸气压的相对偏差分别为 5.43%、1.81%、3.77%和 6.37%。

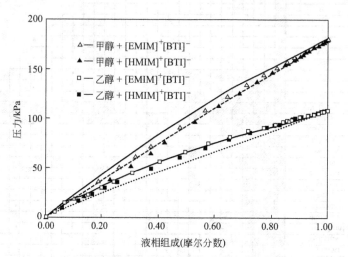

图 5-17 甲醇和乙醇在 353K 时在离子液体中的溶解度
（实线和虚线代表计算值；点代表实验值）

5.4.3 应用实例 7

5.4.3.1 分离非极性体系

选取非极性体系己烷/己烯作为烷烃/烯烃的代表。利用 COSMO-RS 热力学模型，系统地考察了在相同阳离子的情况下，阴离子对分离能力的影响；在相同阴离子的情况下，阳离子对分离能力的影响；以及基团分支效应的影响。评价分离剂效果的体系参考状态是被分离组分无限稀释。图 5-18 和图 5-19 表明，对于分离非极性体系，最优的离子液体分子结构是：体积小、分支基团少、阴离子电荷中心有屏蔽效应。在此基础上，将 COSMO-RS 和 UNIFAC 模型计算结果对照。

UNIFAC 模型计算的目标体系是己烷/苯（分离机理与己烷/己烯体系一致），计算结果如图 5-20 所示。在相同的阴离子情况下，选择度大小顺序为：$[EMIM]^+[BTI]^-$＞$[BMIM]^+[BTI]^-$＞$[HMIM]^+[BTI]^-$＞$[OMIM]^+[BTI]^-$；$[EMIM]^+[BF_4]^-$＞$[BMIM]^+[BF_4]^-$＞$[HMIM]^+[BF_4]^-$＞$[OMIM]^+[BF_4]^-$。因此，增加阳离子上烷基链长对增大选择度不利。在相同的阳离子情况下，选择度大小顺序为：$[OMIM]^+[BF_4]^-$＞$[OMIM]^+[BTI]^-$＞$[OMIM]^+[Cl]^-$；$[MMIM]^+[CH_3OC_2H_4SO_4]^-$＞$[MMIM]^+$

［CH$_3$SO$_4$］$^-$。因此，电荷中心有屏蔽效应的阴离子（如［BTI］$^-$，［PF$_6$］$^-$，［BF$_4$］$^-$等）对增大选择度有利，电荷中心无屏蔽效应的阴离子（如［Cl］$^-$，［CH$_3$SO$_4$］$^-$等）对增大选择度不利。从 COSMO-RS 和 UNIFAC 模型所得到的结果一致，相互印证。

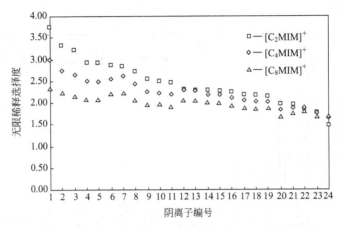

图 5-18　313.15K 时阳离子烷基链长以及阴离子电荷中心屏蔽效应对己烷/己烯选择度的影响
阴离子编号：1—［PF$_6$］$^-$；2—［BOB］$^-$；3—［B(CN)$_4$］$^-$；4—［BTA］$^-$；5—［CF$_3$SO$_3$］$^-$；6—［BMB］$^-$；
7—［BF$_4$］$^-$；8—［N(CN)$_2$］$^-$；9—［BBB］$^-$；10—［BSB］$^-$；11—［Sal］$^-$；
12—［SCN］$^-$；13—［HSO$_4$］$^-$；14—［BMA］$^-$；15—［CH$_3$SO$_4$］$^-$；
16—［C$_2$H$_5$SO$_4$］$^-$；17—［MAcA］$^-$；18—［TOS］$^-$；19—［MDEGSO$_4$］$^-$；
20—［C$_8$H$_{17}$SO$_4$］$^-$；21—［DMPO$_4$］$^-$；22—［CH$_3$SO$_3$］$^-$；
23—［OAc］$^-$；24—［Cl］$^-$

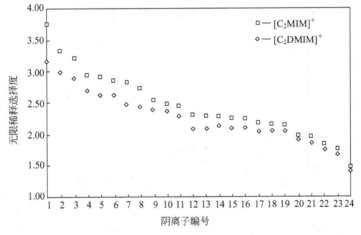

图 5-19　313.15K 时阳离子基团分支效应对己烷/己烯选择度的影响
阴离子编号：1—［PF$_6$］$^-$；2—［BOB］$^-$；3—［B(CN)$_4$］$^-$；4—［BTA］$^-$；5—［CF$_3$SO$_3$］$^-$；6—［BMB］$^-$；
7—［BF$_4$］$^-$；8—［N(CN)$_2$］$^-$；9—［BBB］$^-$；10—［BSB］$^-$；11—［Sal］$^-$；
12—［SCN］$^-$；13—［HSO$_4$］$^-$；14—［BMA］$^-$；15—［CH$_3$SO$_4$］$^-$；16—［C$_2$H$_5$SO$_4$］$^-$；
17—［MAcA］$^-$；18—［TOS］$^-$；19—［MDEGSO$_4$］$^-$；20—［C$_8$H$_{17}$SO$_4$］$^-$；
21—［DMPO$_4$］$^-$；22—［CH$_3$SO$_3$］$^-$；23—［OAc］$^-$；24—［Cl］$^-$

5.4.3.2　分离极性体系

选取工业上常见而重要的乙醇-水体系。对于分离极性体系，盐效应强的离子液体具有的分子结构特征是分子体积小、无支链、阴离子电荷中心无刚性屏蔽效应（如图 5-21 和

图 5-22 所示，COSMO-RS 模型的计算结果）。同时，将实验结果与预测型分子热力学模型计算结果的对比，如图 5-23 和图 5-24 所示。由此可见，实验值与计算值在选择度的变化趋势上吻合一致。也就是说，预测型分子热力学模型可以应用于离子液体分离剂的快速筛选，以期减少实验工作量。

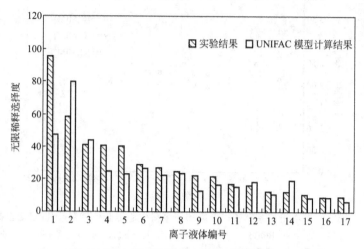

图 5-20　17 种离子液体对己烷/苯的选择度

离子液体编号：1—$[EMIM]^+[SCN]^-$；2—$[EMIM]^+[BF_4]^-$；3—$[MMIM]^+[CH_3OC_2H_4SO_4]^-$；
4—$[BMIM]^+[BF_4]^-$；5—$[BMPY]^+[BF_4]^-$；6—$[EPY]^+[BTI]^-$；
7—$[BMIM]^+[CF_3SO_3]^-$；8—$[EMIM]^+[BTI]^-$；9—$[HMIM]^+[BF_4]^-$；
10—$[HMIM]^+[PF_6]^-$；11—$[BMIM]^+[BTI]^-$；12—$[MMIM]^+[CH_3SO_4]^-$；
13—$[HMIM]^+[BTI]^-$；14—$[PY]^+[C_2H_5OC_2H_4SO_4]^-$；
15—$[OMIM]^+[BF_4]^-$；16—$[OMIM]^+[BTI]^-$；17—$[OMIM]^+[Cl]^-$

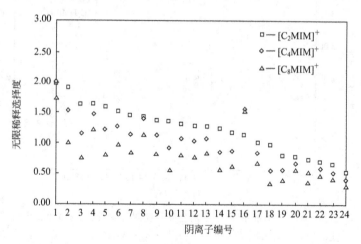

图 5-21　353.15K 时阳离子烷基链长以及阴离子电荷中心屏蔽效应
对乙醇/水选择度的影响

阴离子编号：1—$[OAc]^-$；2—$[HSO_4]^-$；3—$[N(CN)_2]^-$；4—$[DMPO_4]^-$；5—$[SCN]^-$；
6—$[MAcA]^-$；7—$[Sal]^-$；8—$[CH_3SO_3]^-$；9—$[CH_3SO_4]^-$；
10—$[BF_4]^-$；11—$[BMA]^-$；12—$[C_2H_5SO_4]^-$；13—$[TOS]^-$；
14—$[CF_3SO_3]^-$；15—$[BMB]^-$；16—$[Cl]^-$；17—$[MDEGSO_4]^-$；
18—$[PF_6]^-$；19—$[BOB]^-$；20—$[C_8H_{17}SO_4]^-$；21—$[B(CN)_4]^-$；
22—$[BSB]^-$；23—$[BBB]^-$；24—$[BTA]^-$

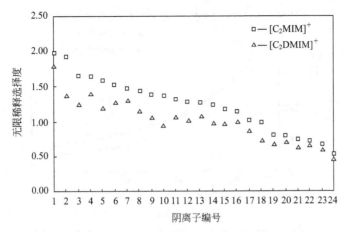

图 5-22　353.15K 时阳离子基团分支效应对乙醇/水选择度的影响

阴离子编号：1—[OAc]⁻；2—[HSO₄]⁻；3—[N(CN)₂]⁻；4—[DMPO₄]⁻；5—[SCN]⁻；
6—[MAcA]⁻；7—[Sal]⁻；8—[CH₃SO₃]⁻；9—[CH₃SO₄]⁻；10—[BF₄]⁻；
11—[BMA]⁻；12—[C₂H₅SO₄]⁻；13—[TOS]⁻；14—[CF₃SO₃]⁻；15—[BMB]⁻；
16—[Cl]⁻；17—[MDEGSO₄]⁻；18—[PF₆]⁻；19—[BOB]⁻；20—[C₈H₁₇SO₄]⁻；
21—[B(CN)₄]⁻；22—[BSB]⁻；23—[BBB]⁻；24—[BTA]⁻

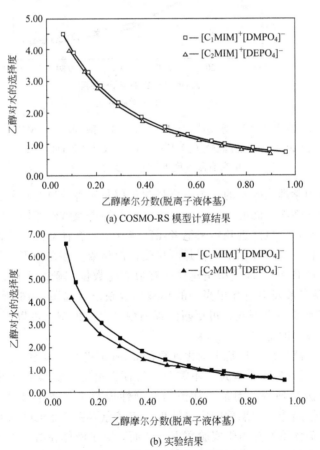

(a) COSMO-RS 模型计算结果

(b) 实验结果

图 5-23　三元体系乙醇/水/[C₁MIM]⁺[DMPO₄]⁻ 和乙醇/水/[C₂MIM]⁺[DEPO₄]⁻
{含 20%（质量分数）[C₁MIM]⁺[DMPO₄]⁻ 或 [C₂MIM]⁺[DEPO₄]⁻}
中在有限浓度下乙醇对水的选择度

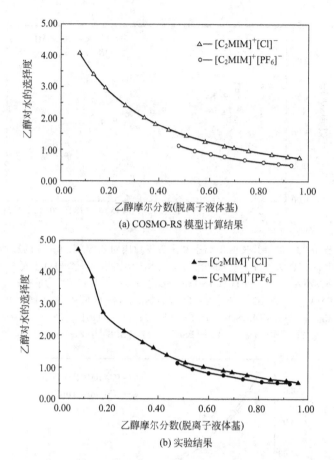

(a) COSMO-RS 模型计算结果

(b) 实验结果

图 5-24　三元体系乙醇/水/$[C_2MIM]^+[Cl]^-$ 和乙醇/水/$[C_2MIM]^+[PF_6]^-$
｛含 20%（质量分数）$[C_2MIM]^+[Cl]^-$ 或 $[C_2MIM]^+[PF_6]^-$｝
中在有限浓度下乙醇对水的选择度

　　预测型分子热力学理论体系的一个重要科学价值是解答分离过程的关键科学问题即分离剂的分子结构与分离性能之间的对应关系，为分离剂筛选及特殊蒸馏与特殊吸收过程模型化提供强有力的理论支持。虽然近几年来笔者团队建立了一套针对离子液体物系的预测型分子热力学理论体系，且乐为广大化学工程师所接受，但是依然存在如下不足：

　　① 离子液体 UNIFAC-Lei 模型是建立在有限实验数据基础之上的，这导致当前的离子液体 UNIFAC 模型参数表中还有相当多的模型参数缺乏（如图 5-16 所示）。但是，离子液体 UNIFAC-Lei 模型是一个开放、可更新的预测型热力学模型，可以不断积累相平衡数据，逐步填充模型参数表中的空位。

　　② COSMO-RS 模型是一种基于量化计算的 a priori 方法，包含 21 个模型参数（其中 3 个为可调参数）。一旦这些参数确定，不需要任何预先给定的实验数据就可以对含离子液体体系的热力学性质进行预测。但是，其预测准确性通常不如离子液体 UNIFAC-Lei 模型，有时仅能预测出定性趋势而非准确的定量结果，究其原因主要是 COSMO-RS 模型的可调参数来自回归普通溶剂体系的热力学实验数据。然而，离子液体在溶液中所处的微观热力学环境完全不同于普通溶剂分子，体现出独特的氢键网络结构（或 nano-segregated structures）。因此，离子液体 COSMO-RS 模型的可调参数必须重新进行修订。

　　③ 2018 年提出了新的 COSMO-UNIFAC 预测型分子热力学模型，即利用 COSMO-RS

模型的先验性特征，将其计算值作为"虚拟实验数据"来关联所需的 UNIFAC 模型参数，因而新模型兼具 COSMO-RS 和 UNIFAC 模型各自的优点，且"1+1≥2"。但是，该模型目前仅应用于普通溶剂体系，还未进一步扩充至含离子液体体系。

④ 当前的预测型分子热力学模型仅聚焦在含普通离子液体和功能化离子液体（TSIL）体系，而不包括聚合离子液体（PILs）和类似离子液体的低共熔溶剂（DESs）。事实上文献已报道了大量的含聚合离子液体体系和含低共熔溶剂体系的基础热力学数据。因此，预测型分子热力学模型的适用体系还必须进一步扩充。

符号说明

A	Van der Waals 分子表面积，m^2	X_m	结晶度
a_{nm}	基团 m 与 n 之间的相互作用，K	x	液相摩尔组成
c	摩尔浓度，$mol \cdot m^{-3}$	y	气相摩尔组成
e_{kk}	相同基团 k 间的相互作用能	z	配位数
F_i	混合物中 i 组分的表面积参数	α	相对挥发度
f	逸度，Pa	α	极化率（5.2）
G	摩尔吉布斯自由能，$kJ \cdot mol^{-1}$	ε^*	分子相互作用能
$\bar{g}$	偏分子自由能，$kJ \cdot$ 分子数$^{-1}$	φ	体积分数
K	相平衡常数	φ	盐在无限稀释状态下的摩尔体积，$mL \cdot mol^{-1}$（5.2）
k	非电解质与非电解质之间的相互作用系数		
k_s	盐效应常数	σ	分子或离子的直径，cm
k_α	硬球作用项对 k_s 的贡献	Γ_k	基团 k 的活度系数
k_β	软球作用项对 k_s 的贡献	ρ	分子数密度，分子数$\cdot m^{-3}$
k_γ	分子数密度项对 k_s 的贡献	γ	液相活度系数
M_W	摩尔质量，$g \cdot mol^{-1}$	θ	面积分数
n	物质的量，mol	$\bar{\theta}_i$	组分 i 不考虑空穴的分子表面积分数
n	基团个数	Θ	基团表面积分数
p	压力，Pa	**上标**	
Q_k	基团 k 的表面积参数	0	标准
q	纯组分表面积参数	C	组合
R	摩尔气体常数，$8.314J \cdot mol^{-1} \cdot K^{-1}$	E	过量的，剩余的
R_k	基团 k 的体积参数	(i)	组分 i
r	纯组分体积参数（5.1）	R	相互作用的
r	一个分子所占有的格子位数	R	剩余性质（5.1）
S	选择性	∞	无限稀释
SP	溶解能力	$\sim$	对比
T	温度，K	$*$	非随机的
V_i	混合物中 i 组分的体积参数	**下标**	
V	Van der Waals 分子体积，m^3	0	初始值
ν	摩尔体积，$m^3 \cdot mol^{-1}$	b	沸点
ν^*	分子参考体积	i	组分 i
v_h	一个格子位的体积，$m^3 \cdot kmol^{-1}$	j	组分 j
$v_k^{(i)}$	组分 i 中基团 k 的数目	k	基团 k
w	质量分数	m	熔点
X	摩尔分数	s	盐

思 考 题

1. 试说明预测性热力学模型在化工分离方面的应用。

2. UNIFAC 模型的组合活度系数和剩余活度系数分别代表了分子的什么特征？

3. 改进的 UNIFAC 模型与改进前的 UNIFAC 模型相比有什么区别？

4. 试说明如何利用计算机辅助分子设计来筛选合适的分离剂。

5. 如何提高 UNIFAC 基团贡献法设计分离剂时计算的准确性？

6. 小分子无机盐体系的预测型热力学模型具有什么优点？

7. 解释离子液体的分子结构与分离性能之间的对应关系。

8. 通过查阅资料，试说明 COSMO-RS 模型预测离子液体热力学性质的原理。

9. 举例说明常见的离子液体的基团拆分方法。

10. 具有什么特点的离子液体适合分离非极性体系？

11. 盐效应强的离子液体一般具有什么分子结构特征？

12. UNIFAC 模型是依靠实验数据拟合得到模型参数还是通过先验的量子化学计算得到的？

13. COSMO-RS 模型是一种基于量化计算的热力学预测模型方法，但是预测离子液体的热力学模型时误差较大，你认为它的不准确性来源于哪里？

14. 试比较 UNIFAC、COSMO-RS、COSMO-SAC、COSMO-UNIFAC 模型在预测流体热力学性质方面的优点和缺点。

参考文献

[1] 雷志刚，代成娜. 化工节能原理与技术. 北京：化学工业出版社，2012.

[2] 冯霄. 化工节能原理与技术. 第 3 版. 北京：化学工业出版社，2009.

[3] 王文堂等. 化工节能技术手册. 北京：化学工业出版社，2006.

[4] 陈志新. 化工过程中节能降耗工艺设计. 化学工程与装备，2009，(10)：54-56.

[5] 平田光穗，实用化工节能技术. 梁源修等译. 北京：化学工业出版社，1988.

[6] 李英劼. 化工生产中降低精馏技术能耗的思路. 石油与化工设备，2011，(14)：59-60.

[7] Zhigang Lei. Special Distillation Processes. Elsevier，2005.

[8] Stankiewicz A I, Moulijn J A. Process intensification：Transforming chemical engineering. Chem. Eng. Prog. 2000，96：22-34.

[9] Spiegel L，Meier W. Distillation columns with structured packings in the next decade. Trans IchemE. 2003，81：39-47.

[10] 天津大学物理化学教研室. 物理化学. 第 4 版. 北京：高等教育出版社，2001.

[11] 刘跃进. 反应器能量平衡的焓算法与热量衡算法. 化工设计通讯，1995，21（3）：3-8.

[12] 童景山. 化工热力学. 北京：清华大学出版社，1995.

[13] 宋世谟，庄公惠，王正烈. 物理化学. 北京：高等教育出版社，1997.

[14] 蒋维钧，戴猷元，顾惠君. 化工原理. 北京：清华大学出版社，1996.

[15] 郑丹星. 流体与过程热力学. 北京：化学工业出版社，2005.

[16] 骆赞椿，徐汛. 化工节能热力学原理. 北京：烃加工出版社，1990.

[17] Hohmann E C. Optimum networks for heat exchange. University of Southern California，1971.

[18] 麻德贤，李成岳，张卫东. 化工过程分析与合成. 北京：化学工业出版社，2002.

[19] Linnhoff B，Hindmarsh E. The pinch design method for heat exchanger networks. Chem Eng Sci. 1983，38（5）：745-763.

[20] 李群生，叶泳恒. 多效精馏的原理及其应用. 化工进展，1992，(6)：40-43.

[21] 王葳，高维平. 多效精馏流程的优化设计计算. 计算机与应用化学，1996，13（3）：282-288.

[22] 王艳. 甲醇-水多效精馏工艺研究. 南京理工大学，2009.

[23] 叶青，裘兆蓉，韶晖，钟秦. 热偶精馏技术与应用进展. 天然气化工，2006，(31)：53-56.

[24] 朱玉琴，李迳红. 高效节能的热泵精馏技术. 发电设备，2003，(3)：48-50.

[25] 朱平，梁燕波，秦正龙. 热泵精馏的节能工艺流程分析. 节能技术，2000，18（2）：7-8.

[26] 尹芳华，钟璟. 现代分离技术. 北京：化学工业出版社，2009.

[27] 雷志刚，王洪有，许峥，周荣琪，段占庭. 萃取精馏的研究进展. 化工进展，2001，9：6-9.

[28] 雷志刚，周荣琪，段占庭. C4 萃取精馏工艺流程优化. 石油化工，1999，(28)：399-401.

[29] 雷志刚，周荣琪，叶坚强，王洪有，段占庭. 加盐反应萃取精馏分离纯水溶液. 化学工业与工程 2001，18（5）：290-294.

[30] 雷志刚，王洪有，段占庭，周荣琪. ACN 萃取精馏分离 C4 的分子设计. 计算机与应用化学，2000，(17)：331-334.

[31] 雷志刚，周荣琪，段占庭. 加盐 DMF 萃取精馏分离 C4. 化工学报，1999，50（3）：407-409.

[32] Lei Z，Zhou R.，Duan Z. Process improvement on separating C4 by extractive distillation. Chem. Eng. J. 2002，85：379-386.

[33] 雷志刚，许峥，周晓颖，廖波，易波. 萃取精馏分离丁烷/丁烯. 现代化工，2000，20（9）：32-34.

[34] 雷志刚，李成岳，陈标华. 络合萃取精馏分离醋酸和水. CN1405137.

[35] Lei Z，Yang Y，Li Q，Chen B. Catalytic distillation for the synthesis of tert-butyl alcohol with structured catalytic packing. Catal Today. 2009，147：352-356.

[36] 杨洋. 采用催化精馏新工艺合成低成本无水叔丁醇的研究. 北京化工大学，2010.

［37］ 王二强. 悬浮床催化蒸馏的模型化研究. 北京：北京化工大学，2004.

［38］ Li Q，Zhang J，Lei Z，Zhu J，Huang X. Selection of ionic liquids as entrainers for the separation of ethyl acetate and ethanol. Ind. Eng. Chem. Res. 2009，48：9006-9012.

［39］ Lei Z，Wolfgang A，Peter W. Separation of 1-hexene and n-hexane with ionic liquids. Fluid Phase Equilib. 2006，241：290-299.

［40］ Wu X，Lei Z，Li Q，Zhu J，Chen B. Liquid-liquid extraction of low-concentration aniline from aqueous solutions with salts. Ind. Eng. Chem. Res. 2010，49：2581-2588.

［41］ Yu G，Dai C，Wu L，Lei Z. Natural gas dehydration with ionic liquids. Energy Fuel. 2017，31：1429-1439.

［42］ Dai C，Wu L，Yu G，Lei Z. Syngas dehydration with ionic liquids. Ind. Eng. Chem. Res. 2017，56：14642-14650.

［43］ Han J，Dai C，Lei Z，Chen B. Gas drying with ionic liquids. AIChE J. 2018，64：606-619.

［44］ Yu G，Jiang Y，Lei Z. Pentafluoroethane dehydration with ionic liquids. Ind. Eng. Chem. Res. 2018，57，12225-12234

［45］ Yu G，Sui X，Lei Z，Dai C，Chen B. Air-drying with ionic liquids. AIChE J. 2019，65：479-482.

［46］ Yu G，Dai C，Gao H，Zhu R，Du X，Lei Z. Capturing condensable gases with ionic liquids. Ind. Eng. Chem. Res. 2018，57，12202-12214.

［47］ 时龙辉，陈书果，曲波，曹钢. 异丙苯装置脱丙烷方案优化. 石化技术，13（2）：13-16.

［48］ 代成娜，雷志刚，陈标华，曹钢. 苯与丙烯合成异丙苯工艺流程优化. 现代化工，2008，28：144-147.

［49］ Lei Z，Dai C，Wang Y，Chen B. Process optimization on alkylation of benzene with propylene. Energy Fuel. 2009，23：3159-3166.

［50］ 王福安. 化工数据导引. 北京：化学工业出版社，1995.

［51］ 陈标华，雷志刚，代成娜，李英霞，黄崇品，李建伟. 一种异丙苯的制备方法. ZL 201010136088. 1.

［52］ 聂永生，张吉瑞，杜迎春. FX-01 催化剂上苯与丙烯烷基化-Ⅰ反应本征动力学. 石油化工，2000，29（2）：105-110.

［53］ 高滋. 沸石催化与分离技术. 北京：石油化工出版社，1999：279-310.

［54］ 张占柱，毛俊以，张凯. 生产烷基苯的催化蒸馏方法. CN1266040A.

［55］ 李群生，吴海龙，张新力. 高效导向筛板在 PVC 高沸塔、低沸塔中的应用. 聚氯乙烯，2006，11：33-39.

［56］ Lei Z，Li C，Chen B. Extractive distillation：A review. Sep. Purif. Rev. 2003，32（2）：121-213.

［57］ 李群生，张满霞. 高效导向筛板塔的特点及其工业应用. 应用科技，2009，17（23）：13-15.

［58］ 李群生，邹高兴. 高效导向筛板和 BH 型高效填料的特点及其在节能减排中的应用. 现代化工，2010，（30）：48-50.

［59］ Li Q，Chang Q，Tian Y，Liu H. Cold model test and industrial applications of high geometrical area packings for separation intensification. Chem. Eng. Process. 2009，（48）：389-395.

［60］ Kucharczyk B，Tylus W，Kepinski L. Pd-based monolithic catalysts on metal supports for catalytic combustion of methane. Appl. Catal. B：Environ. 2004，49：27-30.

［61］ Chung K，Jiang Z，Gill B S. Oxidative decomposition of o-dichlorrobenzene over V_2O_5/TiO_2 catalyst washcoated onto wire-mesh honeycombs. Appl. Catal. A：Gen. 2002，237：81-89.

［62］ 钱慧娟. 日本活性炭品种及其发展动向. 世界林业研究，1994，7（5）：61-66.

［63］ 乔惠贤，尹维东，栾志强. 大风量 VOCs 废气治理. 环境工程，2004，22（1）：36-38.

［64］ 彭宏，华坚，尹华强，等. 蜂窝状活性炭研究. 资源开发与市场，2005，22（1）：53-56.

［65］ 陈甘棠. 化学反应工程. 第 3 版. 北京：化学工业出版社. 2008.

［66］ 杨峰立，陈洪达，李成岳. 高温小直径固定床传热特性的研究. 化学工程报，1988，16（1）：23-29.

［67］ Hayes R E，Kolaczkowski S T. A study of Nusselt and Sherwood numbers in a monolith reactor. Catal Today. 1999，47：295-303.

[68] Eckert E, Sakamoto H, Simon T. The heat/mass transfer analogy factor, Nu/Sh, for boundary layers on turbine blade profiles. Int. J. Heat Mass Transfer 2001, 44: 1223-1233.

[69] Mei H, Li C, Liu H, Ji S. Simulation of catalytic combustion of methane in a monolith honeycomb reactor. Chinese J. Chem. Eng. 2006, 14: 56-64.

[70] Jiang Z, Chung K, Kim G, Chung J. Mass transfer characteristics of wire-mesh honeycomb reactors. Chem. Eng. Sci. 2003, 58: 1103-1111.

[71] Santos H, Costa M. The relative importance of external and internal transport phenomena in three way catalysts. Int. J. Heat Mass Transfer 2008, 51: 1409-1422.

[72] Tomasic V, Gomzi Z. Experimental and theoretical study of NO decomposition in a catalytic monolith reactor. Chem. Eng. Process. 2004, 43: 765-774.

[73] Liu H, Zhao J, Li C, Ji S. Conceptual design and CFD simulation of a novel metal-based monolith reactor with enhanced mass transfer. Catal Today. 2005, 105: 401-406.

[74] Kolaczkowski S T, Serbetcioglu S. Development of combustion catalysts for monolith reactors: a consideration of transport limitations. Appl. Catal. A: Gen. 1996, 138: 199-214.

[75] Hayes R E, Liu B, Moxom R, Votsmeier M. The effect of washcoat geometry on mass transfer in monolith reactors. Chem. Eng. Sci. 2004, 59: 3169-3181.

[76] Denbigh K G, Turner J. Chemical Reactor Theory, 3rd ed.; Cambridge University Press: Cambridge, England 1984.

[77] 郭锴，唐小恒，周绪美. 化学反应工程. 北京：化学工业出版社，2000.

[78] Guo Y, Dai C, Lei Z. Hydrodynamics and mass transfer in multiphase monolithic reactors with different distributors: An experimental and modeling study. Chem. Eng. Process. 2018, 125: 234-245.

[79] Guo Y, Dai C, Lei Z. Hydrogenation of 2-ethylanthraquinone with bimetallic monolithic catalysts: An experimental and DFT study. Chinese J Catal. 2018, 39: 1070-1080.

[80] Guo Y, Dai C, Lei Z. Hydrogenation of 2-ethylanthraquinone with monolithic catalysts: An experimental and modeling study. Chem. Eng. Sci. 2017, 172: 370-384.

[81] Corma A, Fornes V, Navarro M. T. Acidity and stability of MCM-41 crystalline aluminosilicates. J. Catal. 1994, 148: 569-574.

[82] Hoang V T, Huang Q, Eić M, Do T O, Kaliaguine S. Structure and diffusion characterization of SBA-15 materials. Langmuir. 2005, 21: 2051-2057.

[83] Park K S, Ni Z, Côté A P, Choi J Y, Huang R, Uribe-Rome F J, Chae H K, O'Keeffe M, Yaghi O M. Exceptional chemical and thermal stability of zeolitic imidazolate frameworks. Proc. Natl. Acad. Sci. 2006, 103: 10186-10191.

[84] Pan Y, Liu Y, Zeng G, Zhao L, Lai Z. Rapid synthesis of zeolitic imidazolate framework-8 (ZIF-8) nanocrystals in an aqueous system. Chem. Commun. 2011, 47: 2071-2073.

[85] Feng J, Wang H, Evans D G, Duan X, Li D. Catalytic hydrogenation of ethylanthraquinone over highly dispersed eggshell Pd/SiO_2-Al_2O_3 spherical catalysts. Appl. Catal. A: Gen. 2010, 382: 240-245.

[86] Wang N, Yu X, Wang Y, Chu W, Liu M. A comparison study on methane dry reforming with carbon dioxide over $LaNiO_3$, perovskite catalysts supported on mesoporous SBA-15, MCM-41 and silica carrier. Catal Today. 2013, 212: 98-107.

[87] Liu D, Quek X, Hu H, Zeng G, Li Y, Yang Y. Carbon dioxide reforming of methane over nickel-grafted SBA-15 and MCM-41 catalysts. Catal Today. 2009, 148: 243-250.

[88] Lei Z, Chen B, Li C, Liu H. Predictive Molecular Thermodynamic Models for Liquid Solvents, Solid Salts, Polymers, and Ionic Liquids. Chem. Rev. 2008, 108: 1419-1455.

[89] Pierotti G J, Deal C H, Derr E L. Activity Coefficients and Molecular Structure. Ind. Eng. Chem. 1959, 51: 95-102.

[90] Weimer R F, Prausnitz J M. Screen extraction solvents this way. Hydro. Proc. Petro. Ref. 1965, 44: 237-242.

[91] Jorgensen S S, Kolbe B, Gmehling J, Rasmussen P. Vapor-liquid equilibria by UNIFAC group contribution. Ind. Eng. Chem. Process Des. Dev. 1979, 18, 714-722.

[92] Gmehling J, Li J, Schiller M. A modified UNIFAC model. 2. Present parameter matrix and results for different thermodynamic properties. Ind. Eng. Chem. Res. 1993, 32, 178-193.

[93] Thomas E R, Eckert L R. . Prediction of limiting activity coefficients by a modified separation of cohesive energy density model and UNIFAC. Ind. Eng. Chem. Process Des. Dev. 1984, 23, 194.

[94] Rey F J, Martin-Gil J. Thermodynamics of ketones and diether mixtures: Analysis in terms of group contribution (DISQUAC). Thermochimica Acta. 1989, 144 (1): 1-11.

[95] Soave G. Equilibrium constants from a modified Redlich-Kwong equation of state. Chem. Eng. Sci. 1972, 27: 1197-1203.

[96] Prausnitz J M., Anderson R. A. Thermodynamics of solvent selectivity in extractive distillation of hydrocarbons. AIChE J. 1961, 7: 96-101.

[97] Fredenslund Aa, Jones R. L, Prausnitz J M. Group contribution estimation of activity coefficients in nonideal liquid mixtures. AIChE J. 1975, 21: 1086-1099.

[98] 刘家祺. 烃与 DMF 物系 UNIFAC 参数的修订和应用. 化学工程, 1995, 23 (1): 7-12.

[99] Gani R., Nielsen B, Fredenslund A. A group contribution apporoach to computer-aided molecular design. AIChE J. 1991, 37: 1318-1332.

[100] 雷志刚, 王洪有, 段占庭, 周荣琪. ACN 萃取精馏分离 C4 的分子设计. 计算机与应用化学, 2000, 17 (4): 331-334.

[101] Lei Z, Wang H, Zhou R, Duan Z. Solvent improvement for separating C4 with ACN. Comput. Chem. Eng. 2002, 26: 1213-1221.

[102] Kikic I, Fermeglia M, Rasmussen P. UNIFAC prediction of vapor-liquid equilibrium in mixed solvent-salt systems. Chem. Eng. Sci. 1991, 46: 2775-2780.

[103] Achard C, Dussap C G, Gros J B. Representation of vapour-liquid equilibria in water-alcohol-electrolyte mixtures with a modified UNIFAC group-contribution method. Fluid Phase Equilib. 1994, 98 (15): 71-89.

[104] Yan W, Topphoff M, Rose C. Gmehling J. Prediction of vapor-liquid equilibria in mixed-solvent electrolyte systems using the group contribution concept. Fluid Phase Equilib. 1999, 162: 97-113.

[105] Graziano G, Lee B. Entropy convergence in hydrophobic hydration: A scaled particle theory analysis. Biophys. Chem. 2003, 105: 241-250.

[106] 胡英, 徐英年, Prausnitz J. M. 气体溶解度的分子热力学（Ⅰ）——气体在非极性溶剂中的 Henry 常数. 化工学报, 1987, 38 (1): 22-38.

[107] 汤义平, 李总成, 李以圭. 微扰理论的应用研究（Ⅰ）——水-正丁醇二元体系热力学计算. 化工学报, 1992, 8 (6): 760-766.

[108] 汤义平, 李总成, 李以圭. 微扰理论的应用研究（Ⅱ）——水-正丁醇-MX 三元体系液液平衡的计算. 化工学报, 1992, 43 (6): 691-698.

[109] 姬泓巍, 谢文蕙. 邻、间、对位二甲苯在盐的水溶液中活度系数的研究. 物理化学学报, 1987, 3 (2): 146-154.

[110] 雷志刚, 王洪有, 周荣琪, 段占庭. 定标粒子理论在加盐萃取精馏中的应用. 清华大学学报: 自然科学版, 2001, 41 (12): 44-46.

[111] 温元凯, 邵俊. 离子极化导论. 合肥: 安徽教育出版社, 1985.

[112] Millero F J. The molar volumes of electrolytes. Chem. Rev. 1971, 71 (2): 147-176.

[113] Prausnitz J M, Lichtenthaler R. N, Azevedo E G. Molecular Thermodynamics of Fluid-Phase Equilibria; Prentice Hall: New Jersey. 1999.

[114] Elbro H S, Fredenslund Aa, Rasmussen P A. New Simple. Equation for the prediction of solvent activities in polymer. Solutions. Macromolecules 1990, 23: 4707-4714.

[115] Lindvig T, Michelsen M. L, Kontogeorgis G M. A Flory-Huggins model based on the Hansen solubility parameters. Fluid Phase Equilib. 2002, 203: 247-260.

[116] Kontogeorgis G M, Fredenslund A, Tassios D P. Simple activity coefficient model for prediction of solvent activities in polymer solutions. Ind. Eng. Chem. Res. 1993, 32: 362-372.

[117] Bertucco A, Mio C. Prediction of vapor-liquid equilibrium for polymer solutions by a group-contribution Redlich-Kwong-Soave equation of state. Fluid Phase Equilib. 1996, 117: 18-25.

[118] Holten-Andersen J, Rasmussen P, Fredenslund A. Phase equilihria of polymer solutions by group contribution. 1. Vapor-liquid equilibria. Ind. Eng. Chem. Res. 1987, 26: 1382-1390.

[119] High M S, Danner R. P. Application of the group contribution lattice-fluid EOS to polymer solutions. AIChE J. 1990, 36: 1625-1632.

[120] Wang C, Lei Z. On the information and methods for calculation of Sanchez-Lacombe and group-contribution lattice-fluid equations of state. Korean J. Chem. Eng. 2006, 23 (1): 102-107.

[121] Dai C, Lei Z, Chen B. Predictive Thermodynamic models for ionic liquid-SO_2 systems. Ind. Eng. Chem. Res. 2015, 54, 10910-10917.

[122] Rodgers P A. Pressure-volume-temperature relationships for polymeric liquids. J. Appl. Polym. Sci. 1993, 48 (6): 1061-1080.